BIM 应用工程师丛书

中国制造 2025 人才培养系列丛书

U0221204

BIM 总监

工业和信息化部教育与考试中心　编

机械工业出版社

本书是建筑信息模型（BIM）专业技术技能培训考试（高级）的配套教材之一。"十三五"末期，建设工程行业在国家工程数字化、信息化集成应用的战略指引下高速发展，以 BIM 技术为代表的新型多维模型信息技术推动现代建设工程行业向工业化转型发展，新技术、新模式、新应用不断涌现。本书以此为背景，从不同工程主体角度深入分析建设工程各行业在 BIM 技术应用方面取得的显著成绩，努力发掘 BIM 技术在我国建设工程领域蕴藏的无限价值，为建设工程各行业数字化和信息化集成应用探索新型发展之路。

本书以管理者角度，分别面向业主方、设计方、施工方、运营方以及第三方等不同企业深入剖析 BIM 技术运营发展管理机制，从 BIM 项目规划、落地实施、效益评估等方面描述不同时期、不同企业的项目特点。

本书可以供 BIM 爱好者深层学习了解 BIM 理论及技术，也可供 BIM 总监在组建 BIM 团队过程中参考。

图书在版编目（CIP）数据

BIM 总监/工业和信息化部教育与考试中心编. —北京：机械工业出版社，2022.12

（BIM 应用工程师丛书. 中国制造 2025 人才培养系列丛书）

ISBN 978-7-111-72090-4

Ⅰ.①B… Ⅱ.①工… Ⅲ.①建筑设计–计算机辅助设计–应用软件–技术培训–教材 Ⅳ.①TU201.4

中国版本图书馆 CIP 数据核字（2022）第 219654 号

机械工业出版社（北京市百万庄大街22号　邮政编码100037）
策划编辑：王靖辉　　　　　　责任编辑：王靖辉　高凤春
责任校对：潘　蕊　李　婷　封面设计：鞠　杨
责任印制：李　昂
北京中科印刷有限公司印刷
2023 年 2 月第 1 版第 1 次印刷
184mm×260mm · 12 印张 · 322 千字
标准书号：ISBN 978-7-111-72090-4
定价：59.80 元

电话服务　　　　　　　　　　网络服务
客服电话：010-88361066　　机　工　官　网：www.cmpbook.com
　　　　　010-88379833　　机　工　官　博：weibo.com/cmp1952
　　　　　010-68326294　　金　书　网：www.golden-book.com
封底无防伪标均为盗版　机工教育服务网：www.cmpedu.com

丛书编委会

本书编委会

出版说明

为增强建筑业信息化发展能力，优化建筑信息化发展环境，加快推动信息技术与建筑工程管理发展深度融合，工业和信息化部教育与考试中心聘任 BIM 专业技术技能项目工作组专家（工信教【2017】84 号），成立了 BIM 项目中心（工信教【2017】85 号），承担 BIM 专业技术技能项目推广与技术服务工作，并且发布了《建筑信息模型（BIM）应用工程师专业技术技能人才培训标准》（工信教【2018】18 号）。该标准的发布为专业技术技能人才教育和培训提供了科学、规范的依据，其中对 BIM 人才岗位能力的具体要求标志着行业 BIM 人才专业技术技能评价标准的建立健全，这将有利于加快培养一支结构合理、素质优良的行业技术技能人才队伍。

基于以上工作，工业和信息化部教育与考试中心以《建筑信息模型（BIM）应用工程师专业技术技能人才培训标准》为依据，组织相关专家编写了本套 BIM 应用工程师丛书。本套丛书分初级、中级、高级。初级针对 BIM 入门人员，主要讲解 BIM 建模、BIM 基本理论；中级针对各行各业不同工作岗位的人员，主要培养运用 BIM 的技术技能；高级针对项目负责人、企业负责人，将 BIM 技术融入管理。本套丛书具有以下特点：

1. 整套丛书围绕《建筑信息模型（BIM）应用工程师专业技术技能人才培训标准》编写。要求明确，体系统一。
2. 为突出广泛性和实用性，编写人员涵盖建设单位、咨询企业、施工企业、设计单位、高等院校等。
3. 根据读者的基础不同，分适用层次编写。
4. 将理论知识与实际操作融为一体，理论知识以够用、实用为原则，重点培养操作能力和思维方法。

希望本套丛书的出版能够提升相关从业人员对 BIM 的认知和掌握程度，为培养市场需要的 BIM 技术人才、管理人才起到积极推动作用。

本丛书编委会

序

国务院办公厅在国办发〔2017〕19 号文件中提出"加快推进建筑信息模型（BIM）技术在规划、勘察、设计、施工和运营维护全过程的集成应用，实现工程建设项目全生命周期数据共享和信息化管理，为项目方案优化和科学决策提供依据，促进建筑业提质增效"。国家发展和改革委员会（发改办高技〔2016〕1918 号文件）提出支撑开展"三维空间模型（BIM）及时空仿真建模"。同时，住建部、水利部、交通运输部等部委，铁路、电力等行业，以及各地房管局、造价站、质监局等均在大力推进 BIM 技术应用。建筑业信息化是建筑业发展战略的重要组成部分，也是建筑业发展方式、提质增效、节能减排的必然要求。

工业和信息化部教育与考试中心依据当前建筑行业信息化发展的实际情况，组织有关专家，根据 BIM 人才培训标准，编写了本套 BIM 应用工程师丛书。希望本套丛书能为我国 BIM 技术的发展添砖加瓦，为广大建筑业的从业者和 BIM 技术相关人员带来实质性的帮助。在此，也诚挚地感谢各位 BIM 专家对此丛书的研发、充实和提炼。

这不仅是一套 BIM 技术应用丛书，更是一笔能启迪建筑人适应信息化进步的精神财富，值得每一个建筑人去好好读一读！

住房和城乡建设部原总工程师

姚兵

18/5/2018.

前　言

本书为建筑信息模型（BIM）专业技术技能培训考试（高级）的配套教材之一，全书分为概论、业主方的企业级 BIM、设计方的企业级 BIM、施工方的企业级 BIM、运营方的企业级 BIM、第三方的企业级 BIM 6 部分。

第一部分概论。定义了 BIM 总监的职责范围，对不同企业的 BIM 组织架构、相关标准和企业信息化管理进行了概括和展望。

第二部分业主方的企业级 BIM。对业主方企业级 BIM 的战略规划和实施提供了理论与实践指导，并简要介绍了我国部分地区现行的一些 BIM 应用评估体系。

第三部分设计方的企业级 BIM。建筑业信息化发展是多参与方、多企业、多部门、多专业的深度融合发展，其核心离不开设计的支撑。项目 BIM 技术应用的源头是从设计开始的，对于保障 BIM 技术在整个项目生命周期的后续应用设计方蕴含重要力量。

第四部分施工方的企业级 BIM。作为 BIM 应用的主要实施方，本书对施工方的企业管理和 BIM 技术的结合进行了深入分析。施工方的 BIM 应用和项目应用环境是建设工程企业精细化管理和信息化建设的重要映射，是探索具有我国建设工程行业特点的 BIM 技术生根发展之道的沃土。

第五部分运营方的企业级 BIM。运营方是项目 BIM 应用全生命周期的最终受益者和检验者。我国目前尚处在 BIM 技术发展的初步阶段，BIM 应用层出不穷。本书通过经典案例详细展现了 BIM 应用在运营方取得的各项成果，BIM 应用的巨大价值和潜在市场仍需我国整个信息产业的持续完善来逐步推动。

第六部分第三方的企业级 BIM。分别介绍了咨询方、监理方和造价咨询方的企业级 BIM 应用，以不同视角检验和反馈 BIM 技术在我国建设工程领域实施过程中取得的成绩和产生的问题，对更好地推进落实 BIM 技术具有重要意义。

本书适合建设工程领域各行业、各企业、各级 BIM 相关管理人员、信息化建设科研人员以及对建筑信息模型技术有兴趣的读者阅读，希望本书的出版能对我国建设工程数字化、信息化、集成化发展起到积极的推动作用。

由于时间紧张，书中难免存在疏漏和不妥之处，恳请各位读者不吝赐教，以期再版时改正。

编　者

目 录

第一部分 概　论

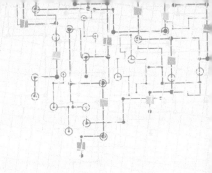

第 1 章　BIM 总监的岗位职责与未来

第 1 节　BIM 总监的定义

随着时代的进步，在数字技术、互联网技术、智能化技术的联合发展推动下，BIM 给建筑行业带来了一波新的升级换代冲击。数字化设计、数字化施工、数字化管理、数字化运维、数字化资产管理、虚拟现实、人工智能等皆如雨后春笋般涌现。各方如设计院、咨询单位、施工单位、建设单位等均对应设立了相应的 BIM 机构，目前这样的机构多称为 BIM 部门，有时又会根据职责进一步细分为 BIM 设计、BIM 咨询等，这个部门的负责人一般称为 BIM 总监。

总监，顾名思义可分解为"总"和"监"。"总"可以理解为总控，"监"对应监管或者监制。总监代表的不仅仅是一种职位，其更倾向于一种角色，就像是一艘船的船长，既要掌控船的航向、速度和节奏，又要管控船内日常事务，例如船内成员的生活保证、船内团队的协调合作、船内货品的安全，还要在发生意外的时候能够有足够的知识储备、经验积累和应变能力。

BIM 总监是公司 BIM 业务板块的第一负责人，是 BIM 工作开展过程中的决策者和发展过程中的策划者。BIM 总监首先需要洞悉企业 BIM 的现状和发展的重难点，并制定企业 BIM 规划与实施管理办法。对于 BIM 总监，不但要求掌握技术和知识，还应具有逻辑思维能力和社会协作能力。其职责不仅仅局限于眼前事务性的工作，更多的是需要考虑团队的突破与未来的发展，这就需要其不仅了解当前 BIM 发展形势，知道现在要做什么、现在如何做，还要有能力洞悉和预测未来什么样、未来怎么做。准确地说，BIM 总监上需要对公司和公司领导负责，下需要对部门和部门员工负责。

第 2 节　BIM 总监的基本能力和职责要求

BIM 总监作为 BIM 业务板块的第一负责人，其基本能力和职责要求主要分为三部分：独立的部门建设能力、业务技术能力和商务洽谈能力。

1.2.1　独立的部门建设能力

首先要对团队的事务有一个整体的了解和认知。部门的规划需要逻辑清晰，思路缜密，思考角度应该从小到大、从局部到整体、从眼前到长远。总监要能规划出可落地的、可实施的季度和年度发展计划。为了提高管理工作效率，总监也要具备计划、跟踪、总结的完整工作能力和适当的管理能力。

1）计划上：能在充分理解业务的基础上，分解部门任务，对部门所有业务板块总体把控，对项目的优先等级有逻辑认知；能以年度、季度、月度、周为单位进行任务的逐级分解，对未知风险提前想好应对措施；并根据公司及集团的发展节奏制订部门的短期及长期发展规划。

2）跟踪上：善于运用各种项目执行工具，及时跟踪反馈结果、及时调整优先级、及时发现执行风险点；熟练掌握部门内部和外部的信息沟通技巧，能根据计划执行情况、部门人员工作饱和度及部门产出进行综合核算，分析业务情况、人员能力水平，结合部门需求、未来发展，综合利弊后，对人员、业务板块、标准流程、产品服务内容进行调整，使部门处于稳步上升的发展状态。

3）总结上：要能做出言之有物的周期性总结（如：月总结、季度总结）。总结并不是一个简单的报告叙述，更像是一种工作方法，尤其在国内 BIM 发展的各个板块并不是非常成熟，各项流程和标准也不是十分完善的情况下，工作方法的选择对 BIM 总监来说既是挑战也是机遇，BIM 总监要对所辖事务做执行、检讨及经验提炼。所有服务过的项目，无论成败，必做总结，以此来不断储备管理经验和提升执行效率，避免同样的错误多次发生，过程中也逐渐完善升级部门工作的流程、标准和规章制度。

BIM 总监要有"棋手复盘"的总结意识，通过复盘检查自己工作中哪一步是有问题的，哪一些是可以在此基础上有更大提升的，下次再遇见这样的项目或者这样的甲方应该如何更好地服务，做到彼此利益最大化。同时在总结的过程中也解析给部门员工，授之以鱼不如授之以渔，BIM 总监对部门的发展和员工个人的发展都有着同样的责任，而且通过传道解惑能够赢得更多人的信服，保证部门的稳定和团结。

1.2.2　业务技术能力及主要业务内容

具备对所辖范围及业务范围内的角色业务能力鉴别水平，能够分析、制定业务解决方案，具备业务拓展能力，对市场发展、业务需求及政策导向有敏锐的嗅觉，能够及时带动部门或者团队走在行业的前端，占据市场的前位。BIM 总监的核心能力是懂得带领所属部门在企业中该发挥什么职能、创造什么价值、如何创造价值、如何持续创造价值。不同单位 BIM 总监的业务内容不同，在此分类列举如下。

1. 设计单位 BIM 总监业务内容

1）熟知并贯彻建筑各项规范要求及设计成果深度要求。

2）创建 BIM 实施指南或者 BIM 实施标准手册。

3）制定 BIM 实施硬件基础条件、软件配备、人员配备要求。

4）制定企业级样板文件、企业级族库标准、企业供应商库。

5）制定企业质量标准、企业审核流程、企业交付标准等技术质量标准体系。

6）明确基于 BIM 的协同要求。

7）制定协同平台及设计插件的研发需求。

8）明确 BIM 设计不同阶段的应用内容及成果文件格式。

9）针对不同项目制定不同的应用解决方案，保证以最快速度和最高质量去完成项目。

10）制定数字化设计信息集成及移交标准。

11）关注数字化设计的进度、质量、成本的影响因素，综合评判并制定解决方案。

12）重要项目的技术把控工作。

13）新技术、新软件的应用测试及培训组织工作。

14）项目服务后期跟踪及质量评价工作。

2. 咨询单位 BIM 总监业务内容

1）具备项目建设全生命周期的知识储备（专业知识、手续办理、市场情况、新技术和新材料应用）。

2）明确内部 BIM 咨询工作流程、标准、成果文件样板格式、审核机制。

3）BIM 软硬件管理及培训工作。

4）制定 BIM 工作资源池，包含（不限于）：国家政策导向、各类国家规范标准、地方规范标准、BIM 样板文件、BIM 族库标准、BIM 产品库、产品商信息资源库、插件库、收费标准等。

5）负责 BIM 咨询业务板块的合理划分及产品部署工作。根据不同的服务对象、服务阶段、服务性质及服务目的制定不同体系的咨询服务产品，针对不同客户制定有针对性的解决方案，确保公司在市场的竞争力。

6）负责主导业务宣讲材料及宣传材料的制作及品质把控。

7）对外业务宣讲。

8）招投标部署工作，过程把控。

9）重点项目实施方案及实施计划的制订，所有项目实施方案及实施计划的总控。

10）部门整体业务进度及质量的情况跟踪及问题解决。

11）费用收取情况的总控及协调。

12）后期业务反馈调查及改进措施方案的制定。

13）根据公司发展战略和目标，参与制定公司智能管控平台研发规划和阶段性目标及解决方案。

14）探访调研客户需求，根据外部市场调研报告和内部需求反馈，协助上级领导规划产品及软件的发展方向，负责牵头项目技术选型和架构设计，梳理框架及开发实施计划。

15）规划项目开发计划，确定开发周期及资源配置方案，做好各专业的综合协调；做好项目开发全程监控，监督主要过程节点和关键结果，控制重要项目开发质量、进度和成本；主持项目开发的过程及成果评审，提出优化路线，协调产品、研发和信息化等部门有效协作。

16）负责跟踪建筑产业化大数据和 BIM 新技术、新趋势，为公司引进重大新技术、提供合理化建议；负责开发技术体系的建立和发展创新。

17）积极参与行业内相关的组织机构活动，并且推进能够为企业带来荣誉、直接价值产出的课题及奖项的申报工作。

3. 施工单位 BIM 总监业务内容

1）宣传贯彻执行国家安全技术法律法规、规范标准；使 BIM 成为企业安全技术精细化管理的重要支撑。

2）明确内部 BIM 咨询工作流程、标准、成果文件样板格式、审核机制。

3）负责 BIM 软硬件管理及培训工作。

4）制定 BIM 工作资源池，包含（不限于）：国家政策导向、各类国家规范标准、地方规范标准 BIM 样板文件、BIM 族库标准、BIM 产品库、产品商信息资源库、插件库等。

5）根据需求做好招投标配合工作。

6）根据现场施工需求制定对应的 BIM 服务标准及服务内容，解决现场施工中对项目品质、工期、成本影响敏感的重点、难点问题。

7）重点项目实施方案及实施计划的制定，所有项目实施方案及实施计划的总控。

8）部门整体业务进度及质量的情况跟踪及问题解决。

9）后期业务反馈调查及改进措施方案的制定。

10）负责跟踪建筑产业化大数据和 BIM 新技术、新趋势，为公司引进重大新技术、提供合理化建议；负责开发技术体系的建立和发展创新，使 BIM 成果能够更好地服务和指导施工。

11）积极参与行业内相关的组织机构活动，并且推进能够为企业带来荣誉、直接价值产出的课题及奖项的申报工作。

12）参与编审公司制度、安全操作规程，负责公司（安全）技术管理制度、标准、流程指导文件的编修，并融入 BIM 管理系统。

13）参与指导项目部编制项目安全操作规程、施工组织设计、施工方案、安全措施，并融入 BIM 管理系统，指导实施。

14）参与工程项目关键工序、劳动保护、环境保护、职业健康、防护设施设备等的（安全）技术认定及技术研究，并融入 BIM 管理系统，指导实施。

15）组织（安全）技术创新；参与新材料、新工艺、新技术的推广应用；参与编制对应的安全操作规程、安全措施。

16）参加对在建工程的检查，对安全技术事项提出改善意见。

17）参加对在建工程的检查，对进度事项提出改善意见。

18）参加对在建工程的检查，对成本采购事项提出改善意见。

19）参与质量和安全事故的处理、调查，提出安全技术处理方案、措施。

20）参与公司（安全）技术性资料的编制、收集、整理、归档。参与指导施工现场（安全）技术性资料的编制、收集、整理、归档。

21）组织 BIM 安全技术（管理）教育培训；参与指导工程项目的安全技术总工交底。

22）对施工过程 BIM 安全技术应用进行指导，控制施工周期及采购成本，降低施工质量风险及安全风险。

23）负责项目管理平台的研发总控工作，实现数字施工、数字管控，实现对项目现场情况的实时反馈，实现对项目进度、质量、成本的实时监控及精准调配，实现项目施工质量最优、成本最低、工期最短、风险最小、利润产出最大。

4. 建设单位 BIM 总监业务内容

1）负责制定 BIM 咨询供应商的招标文件及合同，明确 BIM 部分的相关工作内容及服务对应的阶段，并针对不同内容及阶段制定相应的标准规范要求，包含（不限于）：模型深度、成果文件标准要求、提交方式、计划节点、评审要求、应用深度要求、各方职责、协同标准等。

2）负责 BIM 咨询供应库的整体建立、管理等相关工作，对 BIM 市场持续进行周期性的调研，以掌握 BIM 最新政策标准及市场行情，建立 BIM 咨询企业入库标准，对入库企业的 BIM 能力进行准确的判断。

3）负责对 BIM 咨询供应商前期的选择、考核、评估等相关工作，采取优胜劣汰的方法，根据工作情况、调研反馈情况、项目实际应用成效、性价比分析、新技术发展等各方面因素综合评判，不断引入能够带来更多价值的新企业，淘汰不适合的服务机构。

4）负责对 BIM 咨询供应商、BIM 中标单位进行考察和评估等相关工作。

5）负责 BIM 咨询供应商过程 BIM 成果的管控及落地监督、指导、协调等相关工作。

6）负责 BIM 咨询供应商最终 BIM 成果的审核、评定及管理等相关工作。

7）目前 BIM 还处于初步发展的阶段，BIM 成果的应用还存在瓶颈，部分技术受到制约，建设单位 BIM 总监也需要在如何更好更深入地利用 BIM 工作成果，发挥价值最大化的课题上做一番努力。

8）项目实际应用过程中，跟踪调研 BIM 成果是否按照要求严格执行，并形成总结报告，通过报告梳理推导解决办法，反向优化 BIM 工作流程标准。

9）主导企业产品 BIM 族库、信息库的搭建整合。

10）在重点项目全生命周期中，为项目各参与方 BIM 团队的建立提供必要的管理培训与技术支持，配合项目组织 BIM 协调会，全程参与项目各方的沟通交流会议，为 BIM 应用过程中出现的问题提供指导性建议。

11）搭建并管理企业的 BIM 数据管理平台，根据需求制订 BIM 平台的采购计划及研发需求，并配合研发团队搭建及更新平台产品。

12）积极组织、配合各类各级 BIM 成果的奖项申报，开展深层次研究，以实现知识创新。

13）负责制订各模型软件平台之间的数据转换解决方案，解决与其他专业软件的数据接口问题。

14）持续调研 BIM 在国内外工程中的推广应用，结合建设工程行业及建设工程建设特点，组织开展 BIM 课题研究工作。

1.2.3 商务洽谈能力

1）渊博的知识体系和良好的气质性格。商务谈判需要面对来自各行各业不同层级的人，BIM 总监除了需要本身技术过硬以外，还需要具有相应的经验阅历和一定的社交知识储备才能应对。同时，谈判过程中会有各种情况或者各种节奏都需要良好的气质性格去应对，要有强大的心理承受能力。

2）观察判断能力。对谈判中可能遇到的问题有一定的预见性，能够准确判断对方需求，洞察其关注的利益，适时调整策略并解决对方疑惑，消除对方顾虑。

3）巧妙的语言表达能力。要善于巧妙地表达自己的观点，并且懂得如何组织语言让别人既听得懂又感兴趣，在遭遇使自己尴尬的问题或者氛围时，懂得如何运用语言的魅力，避免产生对抗性或者矛盾性的局面。

4）灵活的调控能力。在高压的谈判节奏下不丧失逻辑分析和推理能力，能够根据情况变化及时制定应对策略或者谋划新的方案，保证公司利益最大化。

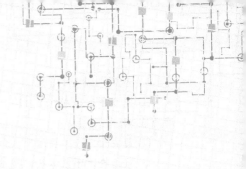

第2章 制定企业统一 BIM 标准

第1节 企业流程与组织架构

2.1.1 组织架构管理

为了更好地满足项目管理的需求，提高项目管理工作的成效，需要结合企业现状及应用需求，提前规划整个企业组织架构，确保 BIM 工作顺利开展，此处以生产、管理、应用三条主线分别进行说明。

（1）"生产"以 BIM 咨询单位为例（图2-1） 总经办作为企业核心管理部门，是经营管理的最高决策机构，辅助企业各项规章制度、改革方案、改革措施的制定，对 BIM 技术的推动有着至关重要的作用。BIM 的有效落地实施是一种自上而下的推行模式，管理层及机构顶层对 BIM 的准确认知和支持参与，对工作成效起着决定性作用。

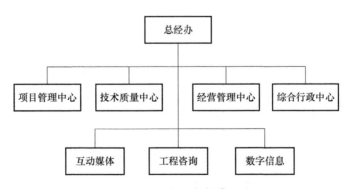

图 2-1 BIM 组织架构管理图

在 BIM 项目实施过程中，技术能力和信息管理是 BIM 应用的关键价值点，总监应该主持建立项目管理中心、技术质量中心，为项目进度、质量建立保障体系，保证 BIM 成果的实施落地。

1）项目管理中心职能。

① 项目进度管控，实施过程管理，确保 BIM 项目按计划顺利开展。

② 项目信息管理，项目信息的基本录入，组建 BIM 团队。

③ 人员绩效管理，项目人员工作量汇总，随时了解人员工作状态。

④ 项目资料存档，图样、设计资料变更管理，项目过程来往函件管理。

2）技术质量中心职能。

① 建立企业技术标准，族、样板文件编制，企业级、项目级建筑信息模型统一标准制定，生产流程标准制定等。

② 建立企业技术资源库，企业知识库建设，成果总结等。

③ 项目技术质量管控，技术质量审核标准制定，技术能力评定及考核。

④ 技术产品制定与开发，科研课题的制定及外部报审评优等。

⑤ 内部人员技术培训。

3）经营管理中心职能。项目前期商务谈判及合同签订，阶段收款。

4）综合行政中心职能。项目信息备案，后勤保障服务。

（2）"管理"以业主方为例（图 2-2） 业主方是建设项目 BIM 应用的最大受益方，应用 BIM 技术，通过工期影响整个项目的总投资，从设计、施工有效地减少财务成本，提前竣工进入回报期。通过 BIM 应用提前为招标采购提供数据支持，基于业主方项目管理的 BIM 技术可整合项目信息，建立工程数字化档案，为项目后期运维提供数据。

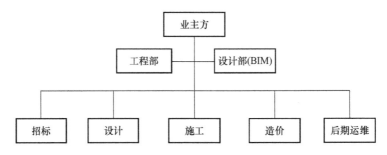

图 2-2　业主方 BIM 项目管理与应用

业主方应用 BIM 技术能实现的价值如下：

1）招标管理。

① 共享建造数据。BIM 的可视化能够让投标方深入了解招标方所提出的条件，避免信息孤岛的产生，保证数据的共通共享及可追溯性。

② 控制经济指标。基于 BIM 的精确性，实时统计各项经济指标，辅助决策。

③ 削减招标成本。BIM 技术可实现招投标的跨区域、低成本、高效率、更透明、现代化，大幅度削减招标投入的人力成本。

2）设计管理。

① 周边环境模拟。利用 BIM 技术对工程周边环境进行模拟，对拟建造工程进行性能分析，如舒适度、空气流动性、噪声云图等指标，为城市规划及项目规划决策提供数据支持。

② 复杂建筑曲面的建立。在面对复杂建筑时，在项目方案设计阶段应用 BIM 可以达到建筑曲面精准定位。

③ 图样检查。BIM 团队的专业工程师能够协助业主检查项目图样的错漏碰缺，降低设计变更量，提升设计质量。

3）造价管理。工程量的计算是工程造价中最烦琐的部分。利用 BIM 技术辅助工程量计算，能大大减轻造价管理的工作强度，提高造价管理的效率。基于 BIM 提取现场实际的人工、材料、机械工程量，通过将模型工程量、实际消耗量、合同工程量进行三量对比，为项目决算提供数据支持。

4）施工管理。

① 运用 BIM 4D 施工进度模拟验证总包施工计划的合理性，优化施工顺序。

② 运用深化后的 BIM 对项目中所需的土建、机电、幕墙和精装修所需要的材料进行监控，保证项目成本控制。

③ 在工程验收阶段，根据现场实际情况，利用 BIM 参照对比来检验工程质量。

5）运维管理。在建筑物使用寿命期间，建筑设施（如墙、楼板、屋顶等）和设备设施（如设备、管道等）都需要不断得到维护。BIM 技术结合运营维护管理系统可以充分发挥空间定位和数据记录的优势，合理制订维护计划，分配专人专项维护工作，提高工作效率，节约维护成本，降低建筑物在使用过程中出现突发状况的概率。

例如在空间管理上，运用 BIM 进行建筑空间管理，为最终用户提供良好的工作生活环境。BIM 的可视化可以帮助管理团队记录空间的使用情况，处理最终用户要求空间变更的请求，分析现有空间的使用情况，合理分配建筑物空间，确保空间资源的最大利用率、价值最大化。

（3）"应用"以施工单位为例（图 2-3）　施工方是项目的最终实现者，是竣工模型的创建者。施工企业的关注点是 BIM 在现场如何实施，如何与项目结合，如何控制项目进度，以及如何提高效率和降低成本。通过 BIM 可直观理解设计意图，可视化的设计图会审能帮助施工人员更快、更好地解读工程信息，并尽早发现设计错误，把问题前置，提高施工质量，优化施工流程，提高工作效率。具体应用如下：

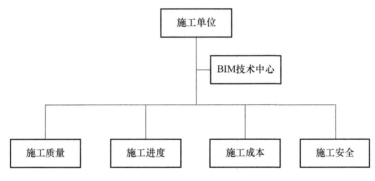

图 2-3　施工方 BIM 应用

1）施工质量管理。在工程质量管理中，既希望对施工总体质量概况有所了解，又要求能够关注到某个局部或分项的质量情况。BIM 作为一个直观有效的载体，无论是整体质量情况还是局部质量情况，都能够以特定的方式呈现在模型上。将工程现场的质量信息记录在 BIM 中，可以有效提高质量管理的效率。基于 BIM 技术的施工质量管理可分为材料设备质量管理与施工过程质量管理两方面。

① 材料设备质量管理。材料质量是工程质量的源头。在基于 BIM 技术的质量管理中，可以由施工单位将材料管理的全过程信息进行记录，包括各项材料的合格证、质保书、原厂检测报告等信息，并与构件或者是构件的某个部位进行关联。监理单位同样可以通过 BIM 技术开展材料信息的审核工作，并将所抽样送检的材料部位在模型中进行标注，使材料管理信息更准确、有追溯性。

② 施工过程质量管理。由于现场施工人员水平参差不齐，运用 BIM 技术进行复杂节点的工序模拟，有助于现场人员标准化施工，提高施工质量。将 BIM 技术与现场实际施工情况相对比，将检查信息关联到构件，便于统计与日后复查。

2）施工进度管理。通常将基于 BIM 的进度管理称为 4D 管理，增加的一维信息就是进度信息。从目前看，BIM 技术在工程进度管理上的应用包括以下三个方面：

① 可视化的工程进度安排。

② 对工程建设过程的模拟。

③ 对工程材料和设备供应过程的优化。

3）施工成本管理。BIM 有利于加快工程结算进程。传统的工程建设，工程实施期间进度款支付拖延，工程完工数年后没有经费结算的例子屡见不鲜。如果排除业主的资金及人为因素，造成这些问题的一个重要原因在于工程变更多、结算数据存在争议等。BIM 技术有助于解决这些问题。一方面，BIM 有助于提高设计图质量，减少施工阶段的工程变更；另一方面，如果业主和承包商达成协议，基于同一 BIM 模型进行工程结算，结算数据的争议会大幅度减少。

4）施工安全管理。BIM 具有信息完备性和可视化的特点，BIM 在施工安全管理方面的应用主要体现在：

① BIM 作为数字化安全培训的数据库，能帮助派入的新员工更快和更好地了解现场的工作环境，降低安全风险。

② BIM 可提供可视化的施工空间。BIM 的可视化是动态的，施工空间随着工程的进展会不断变化，它将影响到工人的工作效率和施工安全。通过可视化模拟工作人员的施工状况，可以形象地看到施工工作面、施工机械位置的情形，并评估施工进展中这些工作空间的可用性和安全性。

2.1.2 总体实施流程

为加强企业内部规范化管理，完善企业内部与项目工作流程，确保项目顺利开展，提高工作效率，保证成果落地，企业应根据自身情况建立系统运行保障体系。该流程以项目合同签订为起点，全程能反映企业内部的总体实施过程和各部门之间的协同工作全貌。下面以 BIM 咨询单位实施流程为例（图 2-4）进行说明。

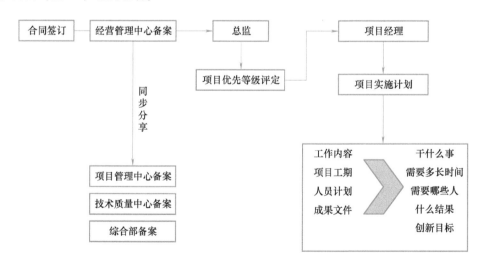

图 2-4　企业级总体实施流程图

（1）项目前期启动备案　签订项目合同，制定项目编号，确定具体服务内容，由经营管理中心备案。项目信息同步分享给项目管理中心、技术质量中心及综合部，使其了解项目信息，便于后期项目进度、质量管控和信息存档。

（2）组建项目团队　项目信息备案后由总监根据项目的优先等级，确认项目经理，再由项目经理根据项目的实际情况编制项目实施计划，与分管部长根据项目服务内容、项目工期安排共同商讨组建项目团队。

　　企业内部实施流程建立后，应该为项目本身创建二级流程，清晰地定义完成 BIM 项目内部生产任务顺序，如图 2-5 所示。企业环境和项目环境的不同，导致具体实现每项 BIM 技术应用的目标不同，应根据项目的具体情况制定流程。

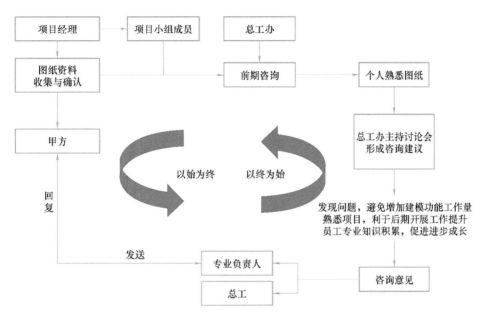

图 2-5　项目级实施流程图

2.1.3　规章制度、标准、体系

　　为更好地服务于业主方，需要加强 BIM 项目生产过程中规范化管理，完善 BIM 项目各阶段工作流程，提高 BIM 工作效率，保证 BIM 成果落地，以 BIM 咨询单位为例，由企业内部项目管理中心与技术质量中心牵头分别制定相关规章制度。

　　1）建立技术质量管控体系，形成三级审核机制，在项目过程中项目组内部首先进行自审，再由部门总工牵头进行审核，最后由公司技术质量中心进行终审，确保每个阶段信息交换前的模型质量。每个专业设计团队对各自专业的模型质量负责，在提交模型前检查模型和信息是否满足模型细度要求，每次模型质量控制检查都要有确认文档，记录做过的检查项目及检查结果。评价表、审核单的形式如图 2-6 、图 2-7 所示。

　　2）建立项目管理体系，对内，在确保项目质量的同时，项目管理中心及项目经理应根据项目具体情况进行项目总体进度的把控，做到每周提交计划，每月定节点，确保项目成果能够按计划交付。创建人员工作量绩效考核制度，了解员工工作情况；对外，建立 BIM 协调会，制定对外工作沟通机制，确保 BIM 项目正常推进。

　　3）制定企业内部建筑信息模型统一标准。在项目运行之前，应该预先计划模型创建的内容和精细度，企业有必要在项目开始前制定针对性强、目标明确的企业级乃至于项目级的 BIM 实施标准，全面指导 BIM 项目工作的开展。企业可依据行业已发行的 BIM 标准为依据，制定切合企业自身情况的 BIM 实施标准，其常见封面形式如图 2-8 所示。

×× 项目综合服务调查评价表				
公司名称				
项目名称				
联系方式				
回访内容	非常满意	满意	一般	不满意
过程服务是否满意	服务态度			
	工作效率			
	专业水平			
服务结果是否满意	执行过程			
	最终结果			
希望得到你的宝贵建议促进我们的成长				
			盖章处	

图 2-6 业主服务评价表

项目成果审核单

项目名称	×××× 项目					
图纸版本						
提交成果		制作人	提交日期	审核人	审核时间	审核意见
序号	内容					
1						
2						
3						
4						
5						
6						
7						

图 2-7 BIM 成果审核单

×××××× 公司企业标准
QB2016

BIM 实施标准
The implementation of BIM standard

2016-5-6 发布   2017-01-01 实施

×××××× 公司 BIM 技术质量中心

×××××× 工程项目标准
QB2017

BIM 实施标准
The implementation of BIM standard

拟定 2017-6-6 发布   拟定 2017-10-1 实施

×××××× 公司 BIM 技术质量中心

图 2-8 企业级、项目级的 BIM 实施标准常见封面形式

第 2 节　建筑信息模型应用统一标准设计

2.2.1　建筑信息模型分类标准

为规范建筑信息模型中信息的分类和编码,实现建筑工程全生命期信息模型的创建、应用和管理,推动建筑信息模型的应用发展,企业可根据项目实际情况对各项阶段工作进行有效分类,针对不同阶段的工作内容进行模型精度划分,让 BIM 在每个阶段的运用更加清晰,使每个项目的参与者有据可依。制定建筑信息模型分类标准,可以辅助项目内部制订项目计划,提高工作效率。工程项目各阶段 BIM 模型分类见表 2-1。

表 2-1　各阶段 BIM 模型分类

各阶段模型名称	模型细度等级代号	形 成 阶 段
方案设计模型	LOD100	方案设计阶段
初步设计模型	LOD200	初步设计阶段
施工图设计模型	LOD300	施工图设计阶段
深化设计模型	LOD350	深化设计阶段
施工过程模型	LOD400	施工实施阶段
竣工模型	LOD500	竣工验收

注:可参考《建筑信息模型分类和编码标准》(GB/T 51269—2017)。

2.2.2　建筑信息模型编码标准

在项目标准中,对模型、视图、构件等的具体编码制定相应的规则,建筑信息模型及其交付物的编码应简明且易于辨识,实现模型建立和管理的规范化,方便各专业模型间的调用和对接,并为后期的工程量统计、存档、后期维护提供依据和便利。可参考《建筑信息模型分类和编码标准》(GB/T 51269—2017)。

2.2.3　建筑信息模型制图标准

为了统一建筑信息模型的表达,保证表达质量,提高信息传递效率,也为了协调工程各参与方识别设计信息的方式更加简单,更适应工程建设的需要,建筑信息模型的制图表达应满足工程项目各阶段的应用需求,有利于各参建方在项目中成功运用,提高工作效率,有必要建立适用于建筑信息模型制图标准,主要技术内容包括 BIM 设计制图的规则和要求,建筑信息模型画法,制定基于 BIM 特有的制图符号、图线、字体、比例、定位轴线、常用建筑材料图例、图样画法、尺寸标注等。可参考《建筑工程设计信息模型制图标准》(JGJ/T 448—2018)。

2.2.4　建筑信息模型构件库标准

由于当前国内广泛应用的 BIM 建模软件自身所带构件资源有限,且部分构件不完全符合我国的工程建设设计要求,因此,建设企业内部模型构件库,丰富自身 BIM 设计资源,成为企业全面深入推进 BIM 技术应用的重要条件和关键环节。

构件资源规划是构件库建设的基础和前提，企业在开始建设 BIM 构件库之初，首先应做好构件资源规划。国内设计企业由于各自涉及的业务领域不同，对构件资源的需求也不相同，如工业工程类设计企业可能需要较多的工艺设备和机电类构件，而民用建筑类设计企业可能需要较多的建筑、结构类构件。因此，企业只有根据自身的业务特点，理清构件资源需求，做好构件资源规划，建立相应标准，用标准统一规范构件的制作、审核与入库，以及构件库管理等活动，才能最大限度地提高对构件资源的开发与利用效率。通常情况，构件资源规划应首先根据企业业务需要预测本企业对构件资源在数量和质量两方面的需求；通过统计分析现有构件资源，确定本企业需补充建设的构件资源，制定满足本企业需求的构件资源建设办法与措施。

2.2.5　建筑信息模型整合标准

我国的建筑企业，特别是大中型设计企业和施工企业，都拥有众多的建筑专业应用软件，在一个工程项目中，往往会使用多个软件，目前的建筑软件只是涉及某个阶段、某个专业的领域应用，难以将不同软件的模型的全部信息整合在一起。

为了避免信息孤岛，解决信息交换问题，业内进行了很长时间的研究与实践，最终都得出了一个不争的结论，就是整合数据的关键在于标准统一，有了统一的标准，也就有了系统之间交流的共同语言。如国际协同工作联盟 IAI（International Alliance for Interoperability）制定的 IFC（Industry Foundation Classes）标准是国际建筑业事实上的工程数据交换标准，并已经被接受为国际标准（ISO 标准）。将 IFC 标准作为基础标准，可以有效解决我国目前普遍存在的建筑工程信息交换与共享问题。

2.2.6　建筑信息模型存储标准

建筑信息模型的电子文件夹和文件，在交付过程中均应进行版本管理，并且在命名字段中标识。

文件夹的版本管理宜在文件夹类型中标识，并宜符合下列规定：

1）设计应用的交付中，交付物文件所在的文件夹类型宜为初版，交付完后，建筑信息模型及交付物均宜根据设计阶段分别存档管理，全部文件夹所在的文件类型宜为存档。

2）面向管理、应用的交付中，交付物文件所在的文件夹类型宜为共享，交付完成后，建筑信息模型及交付物均宜根据应用类别分别存档管理，全部文件所在的文件夹类型宜为存档。可参考《建筑信息模型设计交付标准》（GB/T 51301—2018）。

第 3 节　BIM 数据评审与信息化管理

2.3.1　数据评审标准

1）模型构件是否满足项目建设批复的相关要求。

2）建筑总平面及主体模型主要构件信息及定位尺寸。

3）结构主体构件信息及定位尺寸。

4）机电专业复核，相关专业提资。

5）各类指标分析统计。

6）满足初步设计深度要求的各专业建筑信息模型。

7）技术经济指标分析统计表。

8）绿色建筑设计技术的内容。

2.3.2　各阶段数据整合后的交付标准

各阶段的评价标准见表 2-2。

表 2-2　评价标准

应 用 阶 段	应 用 项	评 价 指 标	评 价 标 准
设计阶段	设计方案比选	方案对比模型	有建筑、结构模型比选，模型包含完整的方案设计信息，与方案图样一致；有完整的方案比选报告（包括建筑基本造型、建筑方案，结构体系比选以及建筑、结构、机电匹配可行性分析）
		方案对应图样	
		方案比选报告	
	建筑结构专业模型构建（初步设计）	建筑、结构专业模型	模型满足初步设计深度要求，模型所有的构件包含其相应的信息，创建相应的平、立、剖视图，在相关视图上添加关联标注和图纸细节后生成相应的二维图
		模型对应图样	
		基本信息	
	建筑结构平面、立面、剖面检查	修改后的专业模型	整合的模型中设计内容统一，无冲突缺漏，提交专业模型修改比对报告及平面、立面、剖面检查报告、合规性检查报告
		模型修改比对报告	
		平面、立面、剖面检查报告	
	各专业模型（施工图设计）	各专业模型	各专业模型达到施工图设计模型深度要求，构件信息满足施工图基本要求，图模一致，命名符合统一命名原则
		模型对应图样	
		基本信息	
	冲突检测及三维管线综合	调整后的模型	提交整合后的模型、碰撞检测报告，报告中详细记录不同专业（结构、暖通、消防、给排水、电气）碰撞检测及管线综合的基本原则、解决方案、优化对比说明（优化节点位置、编码及构件标注等信息）
		碰撞检测报告	
		管线综合优化报告	

（续）

应用阶段	应用项	评价指标	评价标准
设计阶段	竖向净空优化场地分析	调整后的专业模型	提交调整后的专业模型，净空优化报告，报告记录竖向净空优化的基本原则，优化前后对比说明（全专业，关键区域和部位的优化），优化后管线排布平面图和剖面图
		优化后的管线排布图样	
		净空优化报告	
	场地分析	场地模型	场地模型体现坐标信息、各类控制线、土方平衡、排水设计、道路规划、场地管网等信息；有场地分析报告和场地设计优化方案
		场地分析报告	
		场地设计优化方案	
	建筑性能模拟分析	专项分析模型	专项分析模型可体现建筑的几何尺寸、位置、朝向、窗洞尺寸和位置、门洞尺寸和位置；提交建筑性能专项模拟分析报告及综合评估报告
		专项模拟分析报告	
		性能综合评估报告	
	面积明细统计	含房间面积信息的建筑专业模型	利用建筑模型提取含房间面积信息的建筑专业模型和完整的建筑面积明细表，明细表命名规则统一，体现楼层房间、房间面积与体积、建筑面积与体积、建设用地面积等信息，分析经济指标要求
		面积明细表	
		基本信息	
	虚拟仿真模拟	动画视频文件	视频可表达主体和专项设计效果，反映建筑物整体布局、主要空间和重要场所布置；漫游文件包含全专业模型、动画视点和漫游路径
		漫游文件	
	建筑专业辅助施工图设计	平面图	以三维模型为基础，通过剖切的方式形成平面、立面、剖面、系统，节点详图等二维断面图，补充相关二维标识，符合相关制图标准，满足审批审查、施工和竣工归档的要求；复杂局部空间借助三维透视图和轴测图进行表达
		立面图	
		剖面图	
		系统图	
		详图	

（续）

应 用 阶 段	应 用 项	评价指标	评价标准
施工准备阶段	施工图深化设计	施工深化设计模型	深化设计模型包含工程实体基本信息（材料设备，实际产品等），表达关键节点施工方法；由模型输出深化设计图，图样符合政府、行业规范和合同要求，能够指导施工作业
		深化设计图	
		基本信息	
	施工图方案模拟	施工过程演示模型	深化设计模型可表达工程实体和现场施工环境、施工方法和顺序、临时设施等信息；通过三维模型论证施工方案可行性，形成施工方案可行性报告
		施工过程演示动画视频	
		施工方案可行性报告	
	构件预制加工	构件预制装配模型	模型编码和信息准确，可反映预制构件定位及装配顺序，达到虚拟演示装配效果；模型输出构件制造加工图及配件表，体现构件编码，达到工厂化制造要求
		构件预制加工图	
		基本信息和编码	
	质量安全管理	施工安全设计配置模型	模型准确表达大型机械安全操作半径、洞口邻边、高处作业、现场消防及临水临电的安全措施；质量报告包含虚拟模型与现场施工的一致性对比分析，安全分析报告记录虚拟施工中发现的危险源及应对措施
		施工质量检查与安全分析报告	
		现场信息和数据在模型上更新的及时性	
	竣工模型构件	竣工模型	竣工模型根据施工变更及时更新，准确表达构件几何信息、材质信息、厂家信息及设备的几何和属性信息，模型与工程实体一致，达到竣工交付要求；通过模型查看相关竣工验收信息
		属性信息	
		竣工验收文档资料	

（续）

应 用 阶 段	应 用 项	评价指标	评价标准
施工准备阶段	虚拟进度和实际进度对比	施工进度管理模型	模型准确表达构件的几何信息、施工工序及安装信息，基于模型开展全过程施工进度管理与优化；通过比对分析，形成施工进度控制报告，包含偏差分析和纠偏措施
		施工进度控制报告	
	工程量统计	造价管理模型	模型的细度、扣减规则，构件参数信息等满足工程计量标准；工程量报表准确反映构件的工程量，编制说明符合行业规范要求
		工程量报表	
		编制说明	
	设备和材料管理	施工设备和材料管理模型	模型中的设备和材料产品信息及生产，施工安装信息在施工实施过程中不断更新完善；按阶段性、区域性、专业类别输出不同施工作业面内的设备与材料表；信息需准备完整
		施工作业面设备与材料表	
		信息及时更新	
运维阶段	运维系统建设	基于 BIM 的运维管理系统	运维系统涵盖建筑日常管理的智能化、设备设施、物业管理、能源管理、安防管理、环境管理、维修维保管理等静态和动态信息的全面管理功能，可实现空间模型定位，系统联动和流程嵌入式管理；系统搭建功能应用满足模块化设计要求，具有可扩展性
		运维实施手册	
		运行记录	
	建筑设备运行管理	建筑设备运行管理模型	建筑设备自控系统、消防系统、安防系统及其他智能化系统与运维模型结合，开展基于 BIM 的建筑设备的信息、运行、维保、巡检管理，形成设备运行管理报告
		建筑设备运行管理方案	
		运行记录	

（续）

应用阶段	应用项	评价指标	评价标准
运维阶段	空间管理	空间管理系统	管理系统需要支持空间分类分区管理，占用管理、租赁管理功能，基于 BIM 模型，能进行空间规划、空间分配、人流管理或空间状态统计分析等日常应用，可形成空间管理方案和运行记录
		空间管理方案	
		运行记录	
	资产管理	资产管理系统	系统功能包括资产清单，资产申请、入库、变更、出售、提醒管理等功能；资产模型和信息包括资产位置、用地、审批、使用状态，供应采购信息等，进行资产统计、资产状态动态管理，建立关联资产数据库，形成资产管理方案和运行记录
		资产管理方案	
		运行记录	

2.3.3 各方协同管理

基于 BIM 的协同管理平台是以建筑信息模型和互联网的数字化远程同步功能为基础，以项目建设过程中采集的工程进度、质量、成本、安全等动态数据为驱动，结合并固化了项目建设各参与方管理流程和职责明确化的项目协同管理平台。协同管理的范围可涵盖业主、设计、施工、咨询等参与方的管理业务，项目各参与方可以根据自身需求和能力建立企业自身的协同管理平台，未来较为理想的管理平台方式应该是做到业主、设计、施工三者统一协同管理。本章以不同的主体对象划分了 4 个协同管理平台类型。现阶段主要是鼓励协同管理平台的应用应该由简入繁，逐步扩展和深入。

协同管理平台应根据各种使用场景及用途，考虑网页端、桌面端及移动端等各种终端应用模式，同时应考虑模型调用的及时性，配备相应的软件设施与网络构架。应制定详细的数据安全保障措施和安全协议，以确保文件与数据的存储与传输安全，为各参与方之间的信息访问提供安全保障。应制定统一的协同标准，规范具体应用行为。应明确规定协同管理平台存储文件的文件夹结构、格式要求、命名规则、数据容量等，便于实施逐级分层的管理。

1. 业主协同管理

1）目的和意义。通过协同管理，改善目前业主项目管理工作界面复杂、与项目参与方信息不对称、建设进度管控困难等一系列问题，为业主多方位、多角度、多层次的项目管理服务提供较好的管理工具，从而提高业主建设管理水平。一般不将业主对项目的管理审批流程集成在协同管理平台之中，该平台仅用于业主的信息收集、传递、展示。

2）业主协同管理宜围绕业主管理目标确定协同管理内容：

① 资料管理。实现项目建设全过程的往来文件、图样、合同、各阶段 BIM 应用成果等资料的收集、存储、提取及审阅，以便于业主及时掌握项目投资成本、工程进展、建设质量等信息。

② 进度与质量管理。及时采集工程项目实际进度信息，并与项目计划进度对比分析，动态跟踪，同时，对该项目各参与方提交的阶段性或重要性节点成果文件进行检查与监督，严格管控项目设计质量，施工进度、质量等，从而有效缩短项目整体周期，提高工程质量。

③ 安全管理。结合施工现场的监控系统，查看现场施工照片和监控视频，及时掌握项目实际施工动态，如实时定位施工人员，对施工现场进行实时监管，同时，应加强项目建设参与方之间的信息交流、共享与传递及信息的发布。当业主发现施工现场可能存在安全隐患时，能够及时发布安全公告，对现场施工行为进行有效监督和及时的管理。

④ 成本管理。将建筑信息模型与工程造价信息进行关联，有效集成项目实际工程量、工程进度计划、工程实际成本等信息，方便业主方能够进行动态化的成本核算，及时控制工程实际投资成本，掌握动态的合同款项支付情况以及实际的工程进展情况，确保项目能够在核定的时间内完成既定目标，提升业主对该项目的成本控制能力与管理水平。

3）宜通过协同管理平台的搭建，固化业主的技术标准和管理流程，实现业主既定的管理目标。

4）基于 BIM 的业主协同管理平台宜具备相应的可拓展功能，实现与其他平台或新技术的融合与对接，更好地发挥平台的作用。平台可拓展功能宜包括以下几方面：

① 与既有的企业 OA 管理平台、项目建设管理平台等进行对接。

② 基于云技术的数据存储、提取及分析等。

③ 与 AR、VR 体感设备等终端互联。

④ 与 GIS、物联网、智能化控制系统、智慧城市管理系统等多源异构系统集成。

2. 设计协同管理

1）目的和意义。设计协同管理是面向设计单位的设计过程管理和工程设计数据管理，从基础资料管理、过程协同管理、设计数据管理、设计变更管理等方面，实现基于项目的资源共享、设计文件全过程管理和协同工作。在设计协同管理的工作模式下，所有过程的相关信息都记录在案，相关数据图表都可以查询统计，更容易执行设计标准，提高设计质量。

2）设计协同管理宜围绕设计管理目标确定管理内容：

① 工程设计数据管理。结合企业 BIM 设计标准，制定适用于项目特点的文件存储目录，对目录的权限统一管理，并设置合理的备份机制，满足企业工程数据管理要求。

② 协同设计管理。以设计阶段 BIM 应用内容为主线，建立标准化的 BIM 应用流程，加强设计阶段 BIM 应用过程中各参与方职责、交付成果的规范性。将 BIM 应用流程内嵌，各专业设计师能够进行规范化的 BIM 设计工作，提高协同工作效率。

③ 设计成果审核管理。通过创建设计协同审核流程，对重要节点提交的设计成果进行审核，结合审阅和批注，实现对设计成果的有效审核以及成果质量管控。

④ 设计成果归档管理。建立项目级设计成果归档文件目录，结合企业归档文件编码，对项目工程数据进行有序的归档。

3）设计协同管理宜通过协同管理平台的搭建，为设计内部各专业、外部接口提供协同工作环境，固化技术标准和管理流程，实现既定的管理目标。

3. 施工协同管理

1）目的和意义。施工协同管理是通过标准化项目管理流程，结合移动信息化手段，实现工程信息在各职能角色间的高效传递，为决策层提供及时的审批及控制方式，提高项目规范化管理水平及质量。项目建设信息以系统化、结构化方式进行存储，提高了数据安全性和有效复用性。

2）施工协同管理宜围绕施工管理目标确定具体管理内容：

① 设计成果管理。基于施工深化设计模型，进行多专业碰撞检测和设计优化，提前发现设计问题，减少设计变更，提高深化设计质量；模型可视化可以提高方案论证、技术交底效率，并形成问题跟踪记录。同时可对设计文件的版本、发布等信息进行存档管理。

② 进度管理。通过进度模拟评估进度计划的可行性，识别关键控制点；以建筑信息模型为载体集成各类进度跟踪信息，便于全面了解现场信息，客观评价进度执行情况，为进度计划的实时优化和调整提供支持。

③ 合同管理。多个合同主体信息与建筑信息模型集成，便于集中查阅、管理，便于履约过程跟踪。同时，将建筑信息模型与合同清单集成，可以实时跟踪项目收支状况，对比和跟踪合同履约过程信息，及时发现履约异常状态。

④ 成本管理。基于施工信息模型，将成本信息录入并与模型关联，实现工程量多维度快速准确计算，方便及时发现成本异常并采取纠偏措施，有助于成本动态控制。

⑤ 质量安全管理。基于施工信息模型，进行三维可视化动态漫游、施工方案模拟、进度计划模拟等预先识别工程质量、安全的关键控制点；将质量、安全管理要求集成在模型中，进行质量、安全方面的模拟仿真以及方案优化；依据移动设备搭载的模型进行现场质量安全检查，管理平台与其信息对接，实现对检查验收、跟踪记录和统计分析结果进行管理。

3）施工协同管理宜通过搭建施工协同管理平台，为施工总包、各专业分包、外部接口提供一体化协同工作环境，固化技术要求和管理流程，实现施工既定的管理目标。

4）施工协同管理平台的开发宜重点关注以下方面：

① 数据兼容能力。基于 BIM 的施工协同管理平台宜具备良好的数据接口，兼容不同格式的建筑信息模型，具备良好的模型显示、加载效率等能力；具备多参与方协同、与其他项目相关方平台对接的功能。

② 业务数据与模型实时关联。基于 BIM 的施工协同管理平台宜具备施工管理各部门业务数据与模型实时关联的功能。各部门业务数据，如图样信息、施工技术资料信息、进度信息、工作面信息、成本信息、合同信息、质量管理信息、安全管理信息、人力资源信息、施工机械和材料信息等与模型关联，实现工程数据互联互通，具备各部门和各业务间数据交互的能力。

③ 项目管理各业务领域的集成应用。基于 BIM 的施工协同管理平台宜按照现场施工管理要求，从工作面、时间段等多种角度提供各部门和各业务领域的项目管理信息，实现项目管理各业务领域的集成应用，具备一定的计算分析、模拟仿真以及成果表达能力，为科学决策提供支持。

4. 咨询顾问协同管理

1）目的和意义。咨询顾问协同管理是结合相应的协同管理平台，为相关方提供项目全过程的 BIM 咨询服务，提高项目咨询服务协同工作效率。

2）咨询顾问协同管理平台可具备以下管理内容：

① 项目协同。存储项目各方数据文档，并对数据文档进行权限设置，保证各方及时接收到指定的项目资料，同时协同项目建设单位、设计单位、施工单位在相同的三维模型中工作，提高项目各方沟通协调效率，确保模型中反馈的相关设计或施工问题能够得到及时解决。

② 设计问题跟踪。将建筑信息模型中反映的相关设计问题发送给责任方，并跟踪问题解决情

况，确保设计问题能够销项闭环，保证项目设计质量。

③ 施工质量检查。定期对现场进行巡检，核查模型与现场的一致性，监管现场施工，确保现场按图施工。

④ 成本管控。管理现场施工签证流程，降低设计变更频率，保证建设项目完成成本目标，并达到降低项目建设成本的目的。

第二部分 业主方的企业级 BIM

在我国建筑业"十二五"规划中,明确指出"运用信息技术强化项目过程管理、企业集约化管理、协同工作,提高项目管理、设计、建造、工程咨询服务等方面的信息化技术应用水平,促进行业管理的技术进步";同时,在住房和城乡建设部颁布的《2011—2015年建筑业信息化发展纲要》中,进一步指出在"十二五"期间,基本实现建筑企业信息系统的普及应用,加快建筑信息模型(BIM)、基于网络的协同工作等新技术在工程中的应用,推动信息化标准建设,促进具有自主知识产权软件的产业化,形成一批信息技术应用达到国际水平的建筑企业;"十三五"期间,在国家"绿色建筑及建筑工业化"重点专项中,列入两个BIM相关研究项目;《住房和城乡建设部工程质量安全监管司2019年工作要点》中,对加快技术推广应用做了进一步指示,要求稳步推进城市轨道交通工程BIM应用指南实施,加强全过程信息化建设,推进BIM技术集成应用等。面对上层设计的不断引导和日益繁荣的BIM市场,企业管理者和决策者对于贯彻执行国家政策,扎实推进BIM技术广泛落地肩负不可推卸的责任。BIM市场在迭代中不断洗牌,亘古不变的是优胜劣汰的行业定律,我们这一代BIM人对于夯实我国BIM事业的坚实基础义不容辞,任重而道远。

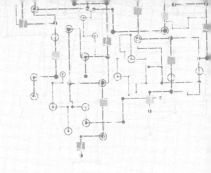

第3章 业主方的 BIM 应用规划

第1节 企业中长期 BIM 规划

3.1.1 企业 BIM 中心规划

1. 行业前瞻

自 1975 年美国佐治亚理工大学提出 BIM 的雏形——a computer-based description of a building（"一种基于计算机的建筑物描述方法"）至今，BIM 技术已经发展 40 余年，也是我国建筑业在改革开放背景下高速发展的 40 余年。我国于 20 世纪 80 年代开始逐渐引进 BIM 技术，特别是 2011 年以后，在一系列政策的推动和引导下取得突飞猛进的发展。在以三维协同设计、BIM 应用等为代表的新一代设计、施工、运维技术已成为建筑信息化的趋势下，信息技术特别是 BIM 技术和建筑、市政、水利水电等行业融合变革正在不断深化，无论当前阶段 BIM 相关标准是否齐全，产业链条是否完善，应用技术是否成熟，我国的基础设施建设相关行业都会不可避免、坚定地朝现代化、工业化、信息化和数字化高速发展，项目级 BIM 应用百花齐放，层出不穷，并已经开始向企业化应用过渡和发展。

2019 年 4 月，国家发展改革委发布了《产业结构调整指导目录（2019 年本，征求意见稿）》，"建筑信息模型（BIM）相关技术开发与应用"连同"城市建设管理信息化技术"，与"基于大数据、物联网、GIS 等为基础的城市信息模型（CIM）等相关技术的开发与应用"，一同被列入国家鼓励类产业目录；住房和城乡建设部印发的《2016—2020 年建筑业信息化发展纲要》（建质函〔2016〕183 号）要求"十三五"时期全面提高建筑业信息化水平，这些都为 BIM 技术相关产业的完善发展指明了方向。随着建筑业信息化进程的发展，BIM 技术将在道路、桥梁、隧道、机场、港口等基础设施建设中发挥更大的作用，为企业信息管理提供数据支撑，助力智慧城市发展。

2. 企业 BIM 应用价值

BIM 技术已与建筑业等深度融合，并随之带来设计、施工、运维等商业模式、生产方式、产业形态的变革。BIM 的可视化、集成化、协调化和可出图化能够妥善解决当前工程建设领域信息化的瓶颈问题，BIM 技术正在加速我国基建等行业结构转型升级，价值日益突显。业主方是建设项目 BIM 应用的最大受益方，BIM 对业主方的价值主要有以下几个方面：

1）提升工程建设行业生产效率，促进技术能力提升。虽然我国工程建设行业发展速度极快，行业成熟度很高，但信息化程度较低，管理模式相对落后。工程建设过分依赖资金投入，劳动密集特点突出。BIM 技术通过项目信息的收集、协同、整合、优化，为工程建设周期的不同阶段、不同参与方提供及时、准确、可协同的信息，使信息得到交流和共享，不断提升生产力水平，从而进一步提高工程建设行业的生产效率。

2）促进节能减排，助力绿色建筑发展。BIM 模型的非几何信息，如材料特性、物理特性、力学信息、价格、供应商等，使模型包含的任意图元信息都可实时协同管理。基于 BIM 模型的技术应用，如能耗分析、日照分析、照明分析、声学分析、流量模拟等可以为设计者提供更多信息，以帮助其有效地提高设计方案的准确性和可靠性，实现建筑的节能和绿色发展。

3）协助项目规划，缩短工期。通过 BIM 模型使设计方案和投资回报分析的财务工具集成，业主就可以实时了解设计方案变化对项目投资收益的影响。业主方非常重视项目开发周转速度，BIM 技术在加快项目建设工期方面可以发挥巨大作用。通过减少施工前的各专业冲突，让设计方案错误更少、更优化，减少方案变更；通过 BIM 技术强大的数据能力、技术能力和协同能力，在资源计划、技术工作和协同管理等方面节约工期，使项目集成和项目组合管理更为周密有序。此外，还可通过利用碰撞检查等优化设计方案，减少返工、后期开洞；通过机电排布方案优化提升净高；通过高质量的施工前技术方案模拟，完善施工图；通过可视化交底，方案预演，提升项目质量等。

4）设计评估和招投标，有效控制造价和投资。通过 BIM 模型帮助业主检查设计院提供的设计方案，满足多专业协调、规划、消防、安全以及日照、节能、建造成本等各方面的要求，可精确计算工程量，快速准确地提供投资数据，减少造价管理方面的漏洞，减少返工和不符合项，减少变更和签证，节约更多的成本，保证提供正确和准确的招标文件。

5）加强项目沟通和协同，推动工程建设行业信息化水平的进步。当前业主方项目管理难度越来越大，为确保项目管理不失控，协同能力的提升非常重要。由于 BIM 提供了最及时、最准确、最完整的工程数据库，利用 BIM 的 3D、4D（三维模型＋时间）、5D（三维模型＋时间＋成本）模型，业主方和投资机构、政府主管部门以及设计、施工、第三方等项目参与方进行沟通和讨论，大大节省决策时间和减少由于理解不同带来的错误，提升协同效率，降低协同错误率。尤其是基于互联网的 BIM 平台更将 BIM 的协同价值提升了一个层级。

6）提升运维效率、大幅降低运维成本。建设项目的运行周期远远大于建造周期，运维总成本十分高昂。BIM 模型包括了物业使用、维护、调试手册中需要的所有信息，利用好竣工 BIM 模型的数据库，可大幅提升运维效率，降低物业运维成本，同时为物业改建、扩建、重建或退役等重大变化提供完整的原始信息。

7）记录和评估存量物业，积累项目数据。在物业的生命周期内，可以对其使用 BIM 模型来进行记录和评估，从而使业主更好地管理运营物业时的成本。

当前业主方项目数据积累很少，结构化、数据化方面都存在问题，很难实现数据的再利用。企业的组织过程资产亟须协同管理。基于 BIM 的业主方物业管理，可积累起企业级的项目数据库，为后续开发项目提供大量高价值数据，以加快成本预测、方案比选等新项目决策的效率。建立基于 BIM 的工程项目数字化档案馆，减少图样数量，降低项目数据管理成本。在 BIM 信息技术和业务决策管理系统集成上，将对业主带来不可估量的收益。

3. 企业 BIM 中长期规划

企业 BIM 的实施目标是根据市场、行业及企业自身需求制定的。企业 BIM 实施是系统且长远的过程，不能以短期或部分项目组合收益对企业的 BIM 实施效果做评估，BIM 实施初期肯定需要企业系统性的投资，因此企业决策和管理者应辅以财务净现值、内部收益率等财务信息指标衡量一个时期内的 BIM 实施效果，并据此做出长远规划。较理想的企业中期目标规划为 2～3 年或 2～3 个全生命周期的工程建设 BIM 技术应用，此时对于企业 BIM 部门或团队而言，尽快地实现收支平衡是为企业继续投资 BIM 而注入的一针强心剂。

企业在完成 BIM 技术、专业人员、知识库、相关标准和市场资源的一定积累后，应制定长期规划。此时企业已经初步理解 BIM 技术的运作机制，并对自身在行业中的位置有了清晰的认识，关键的是实现了盈亏平衡，此时应考虑企业在 BIM 市场生态链中的定位，积极获取上下游的商业机会，巩固企业自身 BIM 体系，探索更深层次、更前沿的 BIM 技术应用和更开阔的市场。较理想的企业长期目标规划为 3~5 年或更长，在工程建设行业信息化飞速发展的今天，制定具体的长期规划是不现实的，企业能做的就是树立企业品牌，巩固市场定位，不断完善和扩充企业 BIM 技术的实施能力。

3.1.2 企业 BIM 战略实施

1. 企业 BIM 应用愿景

企业 BIM 应用的第一步是确定 BIM 的总体目标，即根据市场、行业和企业自身的 BIM 需求结合 BIM 具体应用点的价值，确定 BIM 应用目标和范围。企业 BIM 目标设定主要有：

1）提高企业团队的协作水平。基于 BIM 的企业各部门或项目各参与方以共同的 BIM 信息为基础，通过协同平台使企业或各参与方每位成员都能随时参与企业或项目信息互动，保持沟通。BIM 技术使企业各部门或项目各参方协作更加紧密。

2）提升企业信息化管理程度。BIM 技术的协同应用势必对企业管理模式、工作流程、沟通方法产生影响，使之变革。企业信息和知识库不断积累，进而完善以企业信息化为核心的企业资产管理运营体系，提高企业信息化管理程度。

3）规范企业标准化制度。BIM 模型对信息的集成，整合了几何信息和非几何信息的全部信息，使得企业各部门或项目各参与方对信息管理更加规范和具体，减少了因信息不对称和沟通不到位而产生的管理资源浪费，使企业管理更加高效。

4）提高企业劳动生产率。主要表现为使建设工程的设计阶段得到深度优化，以减少变更和索赔事件发生，通过 BIM 技术带来的设计、施工、运维的标准化，使项目各参与方的劳动效率都大大提升，业主尤为受益。

5）提高企业核心竞争力。企业 BIM 技术越成熟，核心竞争力越强。目前国内建筑、市政、水利水电等行业的 BIM 技术正日益完善，竞争逐渐加剧，民营企业特别是小微企业在以国有制为主导的工程建设各行业中更加难以生存，能够趁早建立完善的 BIM 技术体系将赢得业绩和声誉双丰收，增加企业的核心竞争力。

2. 企业 BIM 组织规划

组织规划是企业 BIM 应用目标能否实现的关键因素之一。组织规划的目的是保证建立一个完善的组织机构，使每项工作都有唯一的责任人负责，以使 BIM 技术应用在实施过程中顺利、及时地展开，出现问题能够迅速解决，从而保证高效管理。

BIM 技术应用是由企业自建团队自行完成，还是选择外部采购或其他模式，在选择途中应考虑的因素包括但不限于：企业当前的 BIM 资源配置及其技术能力；对专业技术的需求、依赖程度；雇佣方责任与义务的限制范围和承担力度，以及对独特技术专长的需求，还要评估与每个自制或外购决策相关的风险。

现阶段我国 BIM 应用主要有以下几种模式：

1）开发商或业主单位自己建立管理队伍，委托有 BIM 技术能力的机构协助。该模式要求开发商或业主单位有企业级或项目级 BIM 应用规划，有相关 BIM 专业管理人员，能掌握 BIM 技术在项目全生命周期中的验收及交付标准。

2）委托专业 BIM 咨询服务公司，由咨询服务公司做独立的 BIM 技术服务，交付 BIM 模型并应用到项目中。该模式业主单位投入小，对企业自身的组织管理制度不产生影响，但由于对 BIM 咨询服务公司依赖较高，企业想要充分使 BIM 技术对项目各阶段产生积极效益往往较被动，对企业 BIM 资本积累帮助甚微。现阶段我国 BIM 技术服务多停留在初级阶段，开发商或业主单位缺少 BIM 专业人员及资金投入，该模式被普遍采用。

3）委托施工单位。BIM 服务内容作为必须履行的条款之一包含在建造施工合同内，由施工方自行实施或作为专业分包，最终由施工方交付 BIM 竣工模型。该模式由于有详细的清单及定额支撑，BIM 成本较清晰，有助于业主单位进行 BIM 投资控制，但要求业主单位有较强的 BIM 技术相关的组织和协同能力。

4）委托设计方。由设计方做设计阶段的 BIM 技术应用，并覆盖至施工、运维阶段，由设计方交付 BIM 竣工模型。

5）开发商或业主单位自己建立 BIM 队伍。该模式在大型国有企业或龙头民营企业中得以应用，要求企业有完备的 BIM 发展规划及目标，有切实可行的 BIM 应用流程和实施方案，且有专门的资金、专业的技术人员投入，对企业长远发展最有益，但成本很高，企业需重新评估相关的组织管理等风险。

在 BIM 的自制或外购分析中，可以综合使用营利性、成长速度、附加值的提升空间、风险、周期等经济指标或盈利能力、偿债能力、运营能力、发展能力等财务指标来确定 BIM 技术服务采用何种模式。

3. 企业 BIM 流程规划

BIM 技术的应用会使企业员工的技能和知识结构改变，企业的工作方式和流程改变，企业管理的形式、内容和流程改变，而企业的核心业务、员工的基本岗位职责不变，因此，企业的 BIM 应用要分期规划和分段实施。

1）BIM 应用进度规划。进度规划要对企业各部门或项目各参与方的任务做出安排和部署，以确保 BIM 技术的实施从决策到交付的各项工作能够按照计划安排的里程碑顺利完成。

2）BIM 应用资源规划。包括 BIM 技术软硬件采购资金、BIM 人员培养规划和激励制度、BIM 平台采购资金、运维费用的投入规划等。

3）BIM 应用的应急储备和管理储备规划。

4）BIM 应用的交付规划。交付规划是企业各部门或项目各参与方对模型提交和修改的节点依据，其规定了模型的验收时间、标准、程序等内容，是 BIM 流程规划的重要组成部分。

4. 企业 BIM 实施规划

企业应按以下过程制定短期的 BIM 实施规划：

1）BIM 技术的企业目标制定，包括 BIM 技术带来的品牌影响，安全、质量、进度管理目标，效益、成本分析等。

2）计划为这些目标配备的资源。

3）论证在此资源的基础上实现企业目标的可行性。

4）和这些企业目标对应的 BIM 应用有哪些。

5）用什么方式来实现，如企业 BIM 技术的自制和外购分析，包括自建 BIM 团队还是外包 BIM 咨询服务或者两者结合等。

6）用多少时间来实现拟定的 BIM 目标。

7）采取什么样的技术路线，资源配置如何优化，软件、硬件和平台怎样选型等。

8）如何跟现有业务流程集成、对接。

9）如何跟外部成员协同，沟通管理。

10）对 BIM 目标实施过程进行风险预估，如效率降低、成本增加、信息丢失等。

第2节　行业 BIM 应用现状与分析

3.2.1　建筑行业 BIM 应用现状与分析

住房和城乡建设部发布的《2016—2020 建筑业信息化发展纲要》中指出：建筑业信息化是建筑业发展战略的重要组成部分，也是建筑业转变发展方式、提质增效、节能减排的必然要求，对建筑业绿色发展、提高人民生活品质具有重要意义。"十三五"时期，全面提高建筑业信息化水平，着力增强 BIM、大数据、智能化、移动通信、云计算、物联网等信息技术集成应用能力，建筑业数字化、网络化、智能化取得突破性进展。

1. BIM 政策全面推进及相关标准较其他行业完善

2012 年起，住房和城乡建设部正式开启了一系列 BIM 技术国家标准的编制工作，分别是《建筑信息模型设计交付标准》《建筑信息模型分类和编码标准》《建筑信息模型应用统一标准》和《建筑工程设计信息模型制图标准》。其中《建筑信息模型分类和编码标准》（GB/T 51269—2017）已于 2018 年 5 月 1 日起正式实施，《建筑信息模型设计交付标准》（GB/T 51301—2018）和《建筑工程设计信息模型制图标准》（JGJ/T 448—2018）已于 2019 年 6 月 1 日起正式实施。

在国家级 BIM 标准不断推进的同时，各地方也针对 BIM 技术应用出台了相关 BIM 标准。如浙江省建筑信息模型（BIM）服务中心的《企业建筑信息模型（BIM）实施能力成熟度评估标准》等，同时，各企业也制定了企业内的 BIM 技术实施导则。这些标准、规范、导则共同构成了完整的中国 BIM 标准序列，指导我国 BIM 技术在施工行业科学、合理、规范发展。

2. BIM 应用企业广泛，前沿技术层出不穷

《中国建筑施工行业信息化发展报告（2014）：BIM 应用于发展》（以下简称《报告》）编写组对全国施工企业应用 BIM 技术情况的调查显示：98.3% 的企业接触过 BIM 技术，大部分企业认识到 BIM 技术的应用价值所在，并给予了充分认可，同时，借助 BIM 技术提高效益也成为企业应用 BIM 技术的主要推动力。

3. BIM 应用效益好

大部分建筑企业认同 BIM 技术对建设工程带来的积极作用，主要表现是认为可以提升企业品牌形象；集成项目所有信息，为运营服务；为绿色认证提供支持；为物业租售提供支持；提高物业性能，减少物业运营成本；控制建造成本，提高预算准确率；缩短工期，提高计划的准确率；提高预测能力，减少突发变化等方面。BIM 技术能够很好地实现碰撞检查、减少返工、方案优化、精确算量等功能，让企业在降低成本和控制风险方面有所收益。

4. BIM 应用范围和广度

建筑企业对 BIM 技术应用主要表现为技术、成本、进度和深化设计四个方面。随着大数据、物联网、云计算等信息技术的发展和 5G 通信技术的应用，BIM 技术在物业管理和运营维护方面将拥有更大的发展空间。

5. BIM 资源投入多

BIM 技术人员是企业应用 BIM 技术的关键。大部分建筑企业没有建立专门的 BIM 部门，主要通过人员兼职负责，但在最近几年的发展中越来越多的建筑企业开始建立自己的 BIM 部门，也有少部分外包给专门的 BIM 咨询团队。《报告》显示，大部分企业 BIM 专项资金投入约为 50 万元以下，主要与我国 BIM 应用处于初级阶段有关，本阶段因 BIM 技术上下游产业生态链不完善难以实现盈利，而大部分企业处在谨慎的观望态度。另外由于企业人员构成逐渐年轻化，青年人对 BIM 技术的接受能力普遍较高，大部分企业员工表示 BIM 是新技术愿意去学，表现出积极的态度。

建筑行业的 BIM 技术应用市场繁荣，与技术普及息息相关。综上所述，在政策、行业以及社会各方的引导和推动下，建筑业 BIM 应用仍在引领我国 BIM 技术走向一条更高更快的发展之路。

由于建筑业生态已经较完善，其中暴露的行业问题也由来已久，BIM 技术想要对建筑业深度融合还需一定时间循序渐进。其中一些问题在短期内很难彻底解决，主要表现为：建筑业信息化程度较低、缺少基础数据支撑、沟通机制不完善等。

我们的 BIM 团队在和主管部门、建设单位、设计单位、施工单位、软件供应商等一些行业、地方龙头企业的合作过程中发现，BIM 技术产生的直接效益、市场开发及占有度、技术革新情况等是企业管理层关注的首要问题，其中以直接效益尤为突出。现阶段，在各地各行业主管部门对 BIM 技术的大力推广和强烈需求的大背景下，BIM 相关产业链条却不成熟，流程也不完善。在供给侧结构改革和"营改增"的大背景下，成本失控是企业或多或少普遍存在的问题，于是应用 BIM 技术是否即刻见效就被推向了众矢之的，企业要从 BIM 应用中弥补成本偏差，还需要设计、采购、成本、财税、造价、工程乃至法务等各部门协同合作，这一系统的调整措施现阶段无法单纯依靠 BIM 技术解决。而关于如何量化直接效益也成为 BIM 技术在整个建筑业摸索前进的主要方向，也是建立健全完善的 BIM 环境所需要的必要保障。

3.2.2　市政行业 BIM 应用现状与分析

市政工程关乎国计民生，体量大、专业多、建设周期长、涉及 BIM 软件众多，BIM + GIS 应用效果突出，能够熟练掌握软件操作的 BIM 人才较少，因此 BIM 技术在市政行业的推广难度大，起步较晚。

在中国勘察设计协会发布的《"十三五"工程勘察设计行业信息化工作指导意见》的指导下，BIM 技术在市政行业中也得到了高度重视。2014 年 4 月 3 日，中国勘察设计协会市政工程设计分会信息管理工作年会在天津召开，此次会议的主题是"关注和促进 BIM 技术发展"。在协会各界领导的引导下，上海市开始启动 BIM 标准研究制定工作，成立 BIM 设计研究中心，大力推动了市政行业的 BIM 技术发展。2015 年 11 月，交通运输部发布《交通运输重大技术方向和技术政策》，把 BIM 列为十大重大技术方向和技术政策之首。2018 年 1 月 2 日，交通运输部办公厅印发了《关于推进公路水运工程 BIM 技术应用的指导意见》。在各方政策的引领下，一大批优秀的市政 BIM 应用项目得以呈现，如港珠澳大桥、包茂高速、谷城水厂、南昌朝阳大桥、深圳前海地下通道、宁东基地综合管廊等。

3.2.3　水利水电行业 BIM 应用现状与分析

由于我国水利水电体制特点，水利水电行业应用 BIM 技术除了同等资源投入外，还对整个行业的设计、施工、运维流程、组织管理方式带来较大较长远的变化，所以水利水电行业 BIM 技术推进相对于建筑、市政行业而言较为缓慢。但在 BIM 概念在我国兴起之前，水利水电行业的三维仿真技术就已得以应用，且效果较好。近年来，在中国水利水电勘测设计协会的组织领导下成立了水利水电 BIM 设计联盟，对行业 BIM 技术发展的工作思路、应用现状、研发需求有了较为全面、清晰的掌握，为 BIM 技术在水利水电行业的推广奠定了基础。

BIM 在我国水利工程建设和管理中的发展大概分为三个阶段：第一阶段，水利工程设计进入三维模型时代，逐步实现了水利工程三维真实建模；第二阶段，BIM 技术应用到水利工程设计、施工和验收等全部建设期，基于 4D 工程进度模拟、5D 工程量计算和可视化验收等被应用到工程实践中；第三阶段，BIM 应用蓬勃发展，由设计阶段的虚拟现实技术（VR）向施工阶段的增强现实技术（AR）和运营阶段的混合现实技术（MR）转变。BIM 结合地理信息系统（GIS）、可视化和人工智能技术（AI）形成了新的数字化工程和新的产业。

根据国家水利部水利水电规划设计总院于 2017 年 7 ~ 12 月对水利水电勘测设计行业 BIM 技术应用的专题调研显示，水利水电行业 BIM 应用基础积累已经初步完成，且部分企业已经进入收益阶段。在 BIM 技术对设计、施工、应用、企业管理、宣传推广、人才培养等方面都有超过半数的企业取得了积极向好的成果。

第 3 节　业主方的 BIM 总监三大核心能力

业主方是建设工程项目实施过程的总集成者，也是建设工程项目生产过程的总组织者，对于一个建设工程项目而言，业主方的项目管理往往是该项目管理的核心，而建设工程 BIM 技术应用通常是数据的集成者，业主方 BIM 总监就是承担企业数据中枢的责任，也是企业 CIO（首席信息执行官）潜在候选人，对工程建设企业有非常重要的意义。

3.3.1　BIM 工作板块研究能力

BIM 工作在国内尚属高速发展阶段，在 IT（信息化）极度膨胀、DT（数据化）蓬勃发展的时代，业主方 BIM 工作板块建议划分为以下四大板块：

1. 总监管理

总监管理，指 BIM 总监对企业 BIM 工作负总责，制定企业规划，统筹管理 BIM 人员，核定 BIM 标准，审定 BIM 费用，原则上对接企业总工办与各分管副总。

2. 建模应用

建模应用，指由建模负责人牵头开展基于 Autodesk、Bentley、Catia 等平台的建模应用工作，主要对接设计管理人员。

3. 平台研发

平台研发，指由平台负责人牵头开展基于 GIS 或以相关图形引擎二次开发工作为核心的 BIM 平台研发与应用工作，主要对接企业管理部及相关业务部门。

4. 工作创新

BIM 科研创新管理，包括奖项申报、软课题申报、技术创新申报、地方标准申报、专利发明申报等工作的管理，建议由公司高层牵头开展。

3.3.2　BIM 职责流程监管能力

BIM 职责分配是落实 BIM 技术应用的核心，明确的责任可以确保成果顺利完成，BIM 各个板块的职责如下：

1. BIM 总监的职责

BIM 总监负责对 BIM 统筹管理定期向公司领导汇报。

（1）管理目标

1）更好地向公司领导沟通汇报。

2）制定公司 BIM 工作规划。

3）规范 BIM 组内部管理工作/流程。

4）审定各乙方 BIM 单位、相关设计、施工方管理制度/流程。

5）更好地应用 BIM 技术配合工程部、设计管理部、安质部等部门工作，贯彻落实建设与运营部门的需求。

6）以 BIM 成果落地为工作重点，统筹 BIM 单位资源协调，积极推进 BIM 应用工作。

（2）管理内容　包括对全部 BIM 标段的统筹管理，配合工程建设运营工作，对 BIM 组的工作安排/统筹协调等工作。

1）与工程前期部、设计管理部、安质部、运营公司等沟通其业务相关 BIM 需求、落实工作安排。

2）制定 BIM 应用总体目标。

3）安排 BIM 组具体工作。

4）向上级汇报 BIM 工作计划、成果等。

5）安排 BIM 顾问单位具体工作（若有）。

6）对 BIM 总体单位下达工作指令/要求。

7）协调 BIM 总体单位申请解决的问题。

8）听取 BIM 总体单位的汇报。

9）检查 BIM 总体单位的管理成果与支付管理。

10）完成领导安排的其他工作。

2. BIM 平台负责人的职责

BIM 平台负责人向 BIM 总监汇报

（1）管理目标

1）更好地贯彻落实平台开发需求。

2）更好地监督平台开发单位的工作过程。

3）更全面地检查平台开发单位的工作成果。

4）落实平台既有功能的应用。

（2）管理内容

1）转达建设单位的开发需求。

2）向平台开发单位下达管理指令。

3）监督平台开发单位的各项工作，包括需求调研、代码开发、成果交付等。

4）检查验收平台开发单位的工作成果，监督问题整改。

5）计量平台开发单位的合同支付。

6）协调解决平台开发单位提出的困难。

7）监督 BIM 平台单位提交合格的管理成果。

8）完成 BIM 总监安排的其他工作。

3. BIM 建模负责人的职责

BIM 建模负责人向 BIM 总监汇报

（1）管理目标

1）更好地约束建模单位的工作过程。

2）更全面地检查建模单位的工作成果。

3）逐步提高 BIM 在工程建设业务中的应用深度和广度。

4）建立更科学合理的建模单位管理体系。

（2）管理内容

1）转达建设单位的建模需求。

2）向建模单位下达管理指令。

3）监督建模单位的各项工作，包括执行建模标准、建模、用模、汇报等。

4）检查验收建模单位的工作成果，监督问题整改。

5）计量建模单位的合同支付。

6）协调解决建模单位提出的困难。

7）监督 BIM 平台单位提交合格的管理成果。

8）完成 BIM 总监安排的其他工作。

3.3.3　BIM 工作组织管理能力

1. BIM 总监管理方式

1）对 BIM 组内部的管理。全权负责 BIM 组内部的工作安排，包括总体统筹 BIM 工作、组织小组内部碰头会、安排 BIM 小组成员的工作、听取 BIM 组成员汇报、代表小组向上级领导汇报、考核 BIM 组成员等。

2）对工程建设的协调。作为 BIM 组与工程建设相关部门的统一联络窗口，配合各部门内部需求策划、协同办公等工作。可委托 BIM 组成员完成。

3）对 BIM 顾问单位的管理（若有）。直接管理 BIM 顾问单位的咨询工作，包括工作安排、听取汇报、支付管理等。协调解决 BIM 顾问单位提出的需要解决的问题。

4）对 BIM 总体的管理。直接管理 BIM 总体单位的工作，包括工作安排、听取汇报、支付管理等。协调解决 BIM 总体单位提出的问题。

5）对平台开发单位的管理。委托 BIM 平台专业负责人负责本项工作。BIM 项目负责人负责听取汇报，协调解决 BIM 平台专业负责人无法解决的问题。

6）对 BIM 建模单位的管理。委托 BIM 建模专业负责人负责本项工作。BIM 项目负责人负责听取汇报，协调解决 BIM 建模专业负责人无法解决的问题。

2. BIM 平台负责人管理方式

1）建立平台开发工作管理制度体系。

2）完善平台开发单位的沟通机制。

3）定期组织平台开发单位协调会。

4）建立对平台开发单位的管理过程记录。

5）发现无法解决的问题，及时向 BIM 项目负责人汇报。

6）完成 BIM 总监安排的其他工作。

3. BIM 建模负责人管理方式

1）建立健全建模工作管理制度体系。

2）完善建模单位的沟通机制。

3）协调解决建模单位与设计院、施工单位、运营维保单位的沟通问题。

4）协调解决建模单位提出的其他困难。

5）定期组织建模单位协调会。

6）建立对建模单位的管理过程记录。

7）发现无法解决的问题，及时向 BIM 项目负责人汇报。

8）完成 BIM 总监安排的其他工作。

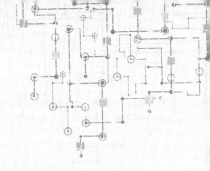

第4章　业主方的 BIM 应用实施

第1节　企业 BIM 资源配置

4.1.1　企业 BIM 团队组建

1. BIM 部门定位

BIM 是企业信息化的重要组成部分，企业信息中心在信息化方面的规划和实践积累，可以让 BIM 更好地落地。技术的进步并不能直接带来信息品质的提高，任何项目或计划的成功都离不开人的作用。企业建立专门的 BIM 组织机构可促使人员积极性提高，并具有较强的信息化意识，一个项目合作完成后，即可开展第二个项目的实施推广。

企业初次应用 BIM 技术，应从项目级（试点项目）到企业级，由点及面推广 BIM 技术应用，企业可以重点考虑让 BIM 部门担任 BIM 落实和推广的角色。具体到某个项目时，还需要企业管理者和决策者的大力配合，才能使 BIM 真正落到实处。

企业 BIM 部门职责主要有：负责企业 BIM 人员培养、企业 BIM 实施标准规范制定、BIM 软件选型及供应商的管理、确认和接收通过各方审查的 BIM 交付模型和成果档案、BIM 项目的推动、支持、跟踪、总结及企业 BIM 相关组织过程资产维护等。

企业管理者和决策者应对 BIM 部门经理授权与任命，在部门规划编制之前委派部门经理，并且授予相应权限，给部门经理提供支持。BIM 项目是"一把手"项目，即 BIM 想要做得好，发挥它应有的效果（节省成本、节约工期、方便管控等），必须有一个强有力的管理者和决策者去推动。企业需根据自身实际选择适合自身特点的 BIM 团队组织模式，但无论哪种组织模式，都应包含以下基本岗位：

（1）BIM 总监　BIM 总监是企业管理层岗位，或可由管理层兼任，BIM 总监不一定会操作 BIM 类软件，但应了解 BIM 行业发展状况，制定企业 BIM 发展规划，以及分析 BIM 技术未来发展方向。BIM 总监负责组建企业 BIM 部门，提名部门经理，监督和把控 BIM 部门发展情况。

（2）BIM 部门经理　BIM 部门经理应能够对 BIM 部门进行管理并执行企业制定的战略规划，保质保量实现 BIM 应用效益，以推进 BIM 部门在得到企业管理层持续投资方面得到积极向好的回应，并能够自行或通过协调资源解决部门 BIM 应用中的技术和管理问题。

（3）BIM 应用工程师　BIM 应用工程师能根据项目或产品需求对 BIM 模型提出修改意见或建设标准，反之能够利用 BIM 模型对项目或产品的安全、质量、建设或生产进度等关键指标进行分析、模拟、优化，以实现高效、优质的 BIM 应用成果。

（4）BIM 模型工程师　随着工程建设行业的工业化、信息化和数据化融合发展，对 BIM 模型工程师的要求已不仅仅是根据图样建立可视化的三维模型，BIM 模型工程师应具备相应的专业知识，善于在模型建立过程中发现并提出图样中的错误或可优化的部分。在复合型人才尤为重要的今天，企业应格外重视基层 BIM 工程师的成长，在企业 BIM 战略规划的人才储备中也应把 BIM 模型工程师列为重点岗位。

（5）其他 BIM 岗位　如 BIM 软件研发类岗位、BIM 商务类岗位、BIM 培训类岗位等，企业应根据自身特点视情况组建。

为使企业 BIM 部门发展可控，企业管理者和决策者在以下情况发生时需要介入 BIM 团队的管理：估算和风险识别所需的历史资料不足；BIM 部门经理权限比所需要的小；部门所需资源未能得到满足；从总体上看，部门成员没有产出可交付成果等。

2. BIM 人才激励

2019 年 1 月 25 日，中华人民共和国人力资源和社会保障部发布了人工智能工程技术人员等 15 个新职业，其中对建筑信息模型技术员的定义为：利用计算机软件进行工程实践过程中的模拟建造，以改进其全过程中工程工序的技术人员；2018 年 3 月 14 日发布的《建筑信息模型（BIM）应用工程师专业技术技能人才培训标准》中对 BIM 专业技术人员的定义为：在项目的规划、勘察、设计、施工、运营维护、改造和拆除等阶段，完成对工程物理特征和功能特性信息的数字化承载、可视化表达和信息化管控等工作的现场作业及管理岗位的统称。在我国一些城市 2019 年的职称评审工作中已经能够看到建筑信息模型助理工程师的专业分类，至此，BIM 专业人员有了国家和行业层面定义的岗位职责，BIM 技术的个人认证流程已经趋于完善。

BIM 软件众多且操作复杂，很多初学者开始踏入 BIM 行业都会选择从个人技能水平认证开始，但目前行业中 BIM 个人技能水平认证多以欧特克公司的 Revit 软件为主，无疑与欧特克公司的系列软件在我国 BIM 应用市场占有率居高有关联。另外 BIM 技术软件的复杂程度让很多人望而却步，软件众多且操作、使用复杂，特别是真正使用 BIM 数据的业主方往往需要投入大量的时间、资金去培养相关专业人员，购买专业设备和平台，给一些企业带来不小负担；最后 BIM 数据量庞大，没有 5G 等信息技术的先行普及和支持也将给 BIM 技术的广泛落地增加一些阻力。

企业发展靠人才推动，市场更迭说到底是人才的更新换代。信息化、数据化、融合化的专业技术对复合型人才提出了更高的要求。企业应在中长期 BIM 发展规划中逐渐建立健全的 BIM 人才培养体系和机制，主要包括：

（1）组建合理人才结构　建模人员培养，建议由 1～2 个经验丰富的建模人员带 3～5 个经验较浅的建模人员，形成传、帮、带的学习结构。

（2）制定有效的激励政策　企业应提供 BIM 技术培训，培训后通过考核获取相应证书和奖金激励，将培训考核作为后续提升工资待遇考虑的因素。

（3）建立可行的人才培养方案　人才培养方式应为"企业—项目—企业"的培养方式，由企业来主导培养方案。BIM 理论、软件操作技术由企业通过内部、外部培训的方式来传递，应将企业部分业务人员下放至项目，组建项目型 BIM 实施机构，项目结束后以企业内包的形式对项目 BIM 人员吸收和再分配，以此推进 BIM 实施落地。

3. BIM 人才培训标准

工业和信息化部教育与考试中心于 2018 年 3 月发布了《建筑信息模型（BIM）应用工程师专业技术技能人才培训标准》，专业技能等级分类如图 4-1 所示；在我国近些年大力推进的职称制度改革中，也已加入了建筑信息模型的初级职称初定和认定，这些举措都为 BIM 人才发展指明了方向。

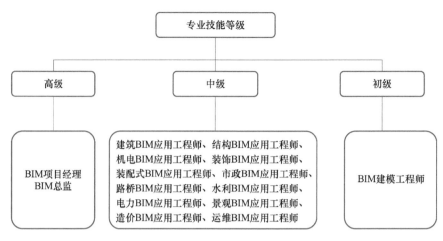

图 4-1　专业技能等级分类

4.1.2　企业 BIM 应用环境

1. BIM 软件配置

BIM 软件选型是企业 BIM 实施应用的前提，更是企业 BIM 实施成功与否的关键。但从企业管理风险和员工个人技能储备方面考虑，企业选用 BIM 软件不宜过于单一，应有不同平台的软件知识储备。软件选型主要从企业自身需求、产品功能、软件供应商服务、行业上下游产业生态占有度、相关政策标准等方面来考虑，选择合适的软件是企业 BIM 实施成功的有力前提和保障。

BIM 软件可分为 BIM 建模、可视化和应用软件，计算、分析软件，施工 BIM 应用软件三类。BIM 模型是承载 BIM 应用的坚实基础，基于 BIM 技术的任何应用都建立在精细的模型基础上，甚至 BIM 应用能否实现，取决于模型建立的是否正确，精细度是否符合要求。企业应根据自身的 BIM 目标和资源配置，来选择适合自身的建模软件。

2. BIM 硬件配置

庞大的 BIM 数据内容和高质量的模型渲染导致对 BIM 硬件有较高的要求，由此也带来了在硬件上的高额资金投入，这也成为现阶段 BIM 技术在建设工程各行业推进的阻力之一，在"成本效益优先"的行业思维习惯下，多数企业或项目管理者对 BIM 硬件资金投入持谨慎态度。

第2节　企业 BIM 平台管理系统

4.2.1　BIM 平台策划

BIM 技术在我国的发展经历三个阶段。第一阶段，概念导入。BIM 技术进入大家视野，这阶段的 BIM 只停留在概念层面，并没有什么形式的实际应用。第二阶段，理论研究与初步应用。大家开始使用 BIM 技术建模，但因为模型庞大、软件操作复杂、硬件要求太高、多数人难以掌握等，模型只是停留在个人 PC 端里，相对静态，并没有真正的"协同"。第三阶段，快速发展和深度应用。大家目光开始转移到 BIM 平台、传统的企业或项目信息管理平台，包含了人、机、料、法、环五个方面，基于 BIM 技术的企业平台则真正实现了企业和工程项目的信息化管理和应用。

BIM 模型是 BIM 技术应用的基础，而 BIM 平台是 BIM 模型的载体，它提供了模型信息的收集、传递、更新和应用。基于服务器之间的文件共享，即构成了平台的雏形，由 BIM 技术人员在服务器上建立可共享的 BIM 模型中心文件，供企业各部门或项目各参与方之间查询、修改和使用，即是简易的信息协同。目前 BIM 平台的初级应用已较普遍，这种方式相对简单、投入小、成本低、较易掌握，适合现有的工作管理流程，特别是在信息化程度较低的施工项目中应用广泛。

BIM 平台的进一步应用，是基于协同管理软件的 BIM 协同平台，它具有管理规则内置、管理自动化、流程化的特点。通过基于互联网的 BIM 协同平台把项目各个参与方纳入到统一的协调管理体系，提供项目数据分析和管理的功能，实现 BIM 模型共享、问题沟通、安全管理和质量管理等，让 BIM 信息共享实现价值最大化，大幅提升业主的协同管理效率，适合信息化程度高、项目组合众多的企业使用。

企业应根据自身特点和实际需要，按设计、建造、运维三阶段来选择各阶段适用、实用的 BIM 技术平台。一个 BIM 技术平台无法涵盖企业管理各方面。一款优秀的 BIM 平台首先要实现基于 BIM 模型的多参与方智能化协同。通过三维模型数据接口集成土建、钢构、机电、幕墙等多个专业模型，并以 BIM 集成模型为载体，为项目开发过程中的进度管理、现场协调、合同成本管理、材料管理等关键过程及时提供准确的构件几何位置、工程量、资源量、计划时间等信息。一款优秀的 BIM 平台可在大屏、PC、手机端应用，为项目各参与方提供便利的使用条件，随时随地进行数据采集、数据流转和数据分析，助力工程项目的精细化管理。在一款优秀的 BIM 平台里，智能化工程项目协同管理是该平台功能的核心内容，通过平台强大的轻量化处理系统，轻松实现各专业 BIM 模型超高速加载，在轻量化过程中几乎实现将建模时所有属性无丢失移植。一款优秀的 BIM 平台还需具备强大的模型构件属性增加功能，为模型挂接数据，留存建设工程全生命周期数据提供技术支持，为未来打造智慧建筑、智慧城市奠定基础。

这样才能在真正意义上实现以模型承载数据，以数据服务行业，为项目获得数字化建设价值、建立数字资产，实现项目在设计、施工、运维全生命周期的数字化应用。

基于 BIM 技术的软件平台主要有软件研发类、企业/项目管理类、设计/施工应用类三种。本节将主要介绍设计/施工应用类 BIM 平台。

由于行业不同，软件供应商对软件开发侧重点不同等，我国工程建设各领域有各自不同的 BIM 平台应用侧重，各行业市场占有率较高的平台有 Autodesk、Bentley、Dassault 等。无论哪种平台，都应满足以下基本要求：

1）满足 BIM 模型在工程项目全生命周期的应用。

2）支持国际标准 IFC 等主流 BIM 文件格式。

3）根据各行业自身特点，能够创建符合本行业特殊结构的异形构件。

4）因 BIM 模型数据庞大，应有轻量化的模型支持网页端、移动端等各种终端的快速浏览。

5）支持二次开发，对 UI 研发企业友好开放相关端口，以最大潜能发挥平台潜力，提高工作效率。

6）可交付产品满足相关政策和标准要求。

在以 BIM 平台为主的二次研发项目中，支持工程设计、施工应用的平台和软件层出不穷，但兼容设计与企业管理的平台寥寥无几。我国工程建设行业成熟度较高，以软件开发商为代表的 BIM 平台二次研发企业较难进入和开发这个领域，没有政策支持和利益驱使，使得 BIM 技术与企业管理相关的平台、软件研发相对滞后，目前，应用较多的基于 BIM 技术的进度计划是在 Microsoft Project、P3/P6 等企业管理软件中编制的。

平台二次研发立项前，应对项目充分调研，听取各方专家意见，以商业文件或可行性研究报告和效益管理规划的形式明确项目可行性。二次开发项目应具有明确的技术目的或商业目标，应充分了解和收集客户需求，通过清晰的目标规划制作并分解为较小的子任务，一般不可定义过于宽泛，否则将使项目风险大幅增加，甚至导致项目的提前终止。

4.2.2 BIM 平台实施

1. 设计协同平台

BIM 设计协同平台的诞生源于单一 BIM 设计软件无法有效满足不同文件格式的相互识别。BIM 数据文件庞大且设计软件众多，如三维漫游、施工模拟、碰撞检测等，单一软件往往不能同时满足模型建立与模型渲染的双重要求，因此诞生了 BIM 设计协同平台来进行整合管理。

BIM 设计协同平台主要包括：BIM 协同管理、方案优化、三维空间展示等。利用 BIM 可视化功能，对建筑物内部功能区域以及空间信息进行可视化剖析，了解与掌握视觉空间、功能空间、维护空间的详细信息。企业的 BIM 相关应用部门或项目的各个参与方通过简单的操作，即可完成这些数据的共享、协同工作。以部门和项目为基础的精细化管理，为企业提供及时准确的项目信息，从而实现数字化设计、施工、运营的全协作。

2. 施工管理平台

对于业主方的企业级 BIM 施工管理平台，涉及多个 BIM 应用软件、多个项目参与方、多个业务部门的信息协作共享，其内容包括施工人员管理、施工机具管理、施工材料管理、施工信息管理等。

3. 运营维护平台

项目进入运营维护阶段，应确保设计、施工阶段建立和使用的模型轻量化，精简冗余，保留与项目运营维护相关的模型信息，以确保信息在获取、更新、交换等传输过程中流畅和高效。目前国际上占比较高的 BIM 运营维护平台有美国 3D Dream 公司开发的瑞斯图（Revizto）云协同管理平台和 Autodesk 公司研发的 DWF™ Writer 等。以 DWF™ Writer 为例，运维单位不需要掌握 BIM 建模软件的具体操作，可通过软件的格式转换将文件导入平台对模型的几何、非几何信息精确把控，快速直观地获取 BIM 模型及数据，处理项目信息，从而高效查阅、加载、分享、协调和管理项目。平台使数据在建造各阶段传递共享中积累存根，建立企业及企业管理数据库，大大提高企业管理效率，降低管理成本，提升管理质量。同时，轻量化的模型为后续物业运维提供数据支撑，省去了运维单位对数据的重新整理、数据库的建立和迁移等工作，大大提升运维的工作效率和效益，而国内业主方使用的 BIM 运营维护平台多数由第三方咨询服务公司开发完成，平台产品趋于市场化、商业化，业主需求收集不完善、不及时，脱离了对原有设计、施工数据的利用，这都将导致平台落地举步维艰，无法真正与项目运营维护衔接。业主方要独立结合企业和项目实际特点基于 BIM 技术研发相应运维平台，其技术难点在于对新型运维管理平台运营形式和运营方法的确定。

第 3 节　基于 BIM 的企业流程再造

4.3.1 企业 BIM 管理规范

BIM 作为一种新的建筑业信息技术，必然导致企业现有部门内及部门间工作方式的变革。在企业 BIM 实施之前，必须根据企业自身特点，制定本企业 BIM 规划、技术标准、实施要求，规范部门岗位职责、权限，定制 BIM 协作规则。

BIM 标准是推动行业发展，规范行业行为，指导行业应用的重要依据，也是 BIM 技术人员和企业管理者、决策者了解行业发展动态，正确理解相关技术政策的重要依据。业主方作为 BIM 应用的总组织者和总集成者，协调管控各部门或项目各参与方的 BIM 协同应用，建立统一的编码标准、模型标准、交付标准，确保关键应用的成功实施，获得合格的竣工模型。

4.3.2　企业 BIM 标准建设

建筑对象的工业基础类（Industry Foundation Class，IFC）数据模型标准是由国际协同联盟（International Alliance for Ineteroperability，IAI）在 1995 年提出的，该标准是为了促成建筑业中不同专业，以及同一专业中不同软件可共享同一数据源，从而达到数据共享及交互。

解决信息共享与调用问题的关键在于标准，有了统一标准，也就有了系统之间交流的桥梁和纽带，数据自然就可以在不同系统之间流转起来，鉴于 BIM 技术发展应用至今，不少企业已经摸索出一条适合企业自身的 BIM 技术发展应用之路。BIM 技术的实施催生了一系列与企业组织模式、工作流程相适应的 BIM 标准，这些标准指导和规范着企业 BIM 资源共享、流程再造的持续、健康、向好发展，其中尤为重要的有以下三个方面：

（1）资源标准　资源标准是指与企业 BIM 技术相关的组织、管理、经济标准，主要包括环境资源、人力资源、信息资源和资金资源等。

（2）行为标准　行为标准是指与企业 BIM 实施相关的流程标准，主要包括业务流程、业务活动和业务协同等方面。

（3）技术标准　BIM 技术标准又可分为三个层次，分别是统一标准（以国家标准为例），如《建筑信息模型应用统一标准》；基础标准，如《建筑信息模型存储标准》《建筑信息模型分类和编码标准》；应用标准，如《建筑信息模型设计交付标准》《建筑信息模型施工应用标准》《制造工业工程设计信息模型应用标准》等。

4.3.3　企业 BIM 组织过程资产

企业的 BIM 组织过程资产包括来自企业在 BIM 项目实施期间组织的所有可用于执行或治理项目的任何工具、实践或知识，还包括来自企业以往项目的经验教训和历史信息。企业 BIM 组织过程资产可能还包括完成的进度计划、风险数据和挣值数据。企业 BIM 组织过程资产可以分为以下两大类：

1）组织过程、企业 BIM 相关政策和 BIM 实施程序。这类资产的更新通常不是项目的一部分，而是由企业 BIM 部门的管理者和决策者组织实施完成，更新工作仅遵循与企业 BIM 中心规划、战略实施、标准流程相关的组织政策，BIM 管理团队应根据企业和项目自身实际来裁剪整合这些资产。

2）企业 BIM 知识库。这类资产是在企业 BIM 规划设计期间结合项目实施信息而更新的。企业在 BIM 技术实施阶段，根据企业架构和项目管理流程，参照国家和地方 BIM 实施标准，细化和编制项目级 BIM 实施规范文件，包含建模标准、协同标准、网络架构、文件管理等。标准制定后，还将在 BIM 实施过程中同步建立和积累企业 BIM 构件库，即通过同类型多项目的 BIM 数据累积，提高今后类似项目的建模速度，降低建模成本。由于组织过程资产存在于企业内部，团队成员在整个项目持续期间对这些信息进行必要的、持续的更新和增补，在项目收尾时由项目管理者组织编写形成项目经验教训、绩效指标和问题缺陷。企业通过整合这类项目资产形成企业 BIM 知识库，逐步形成企业 BIM 核心资料。

由于目前大多数企业都是以项目为单位进行 BIM 技术落地实施，并建立相应构件库，出于企业自身原因，大部分企业构件库只在企业自有项目集和项目组合之间协同和交流，从 BIM 行业发展情况来看，构件库并未做到开放共享，造成企业之间多次的重复劳动，制约了行业 BIM 技术发展，浪费了行业资源，因此，一个完善、开放、共享的构件库是行业生态发展的有力支撑。

构件库建立要点分析：

1）收集需求。构件库建立前，开发者应明确构件库的潜在使用目标，并对目标群体需求充分调研，以确定构件库的使用范围、标准规范、设计参数等限制性要求。为使构件库将来得以充分应用，构件库建立过程中必须严格执行各项要求。

2）构件标准。构件开发者和实际使用者在双方都认可的基础上进行构件开发工作，实现对构件的几何信息、非几何信息的属性设定，满足实际使用需要。这些构件应完整、可靠、一致、可修改、可参数化并且可追溯。

3）测试验证。构件库建立完成后，为了尽可能地找出构件开发的错误，提高构件质量，保证实际可用，应进行相应测试，包括界面测试、可用性测试、功能测试、性能测试、稳定性测试等。

第 4 节　BIM 系统与既有信息系统对接

作为建设工程信息化发展中极具代表性的 BIM 技术，在近年来飞速发展的过程中其范畴已远远超出施工技术的范围，其应用包括规划设计、施工管理、工程造价、运营维护等各个专业领域，BIM 技术的相关方则涵盖了业主、施工、监理、设计、咨询和主管、监管等项目各参与方。BIM 与既有信息系统的融合发展也随之逐渐完善，如通过 BIM 技术与 ERP 管理系统的合作，业主方可以更加清晰地衡量企业的成本管理水平，挖掘不足，提出解决方案，进一步提升企业的管理。

企业和项目管理中面对的数据可以分为两大类：一类是基础数据，包括 BIM 模型创建过程中产生的各种几何信息等，这些信息不因企业和项目的管理模式、管理流程变更而变化，BIM 平台是一个强大的数据收集、整合、承载平台，可以完成这些基础数据的创建、计算、共享和应用；第二类数据是过程数据，如企业和项目管理费、材料费等因项目参与方变更而变化，ERP 系统就是过程数据的采集、管理和应用者，它可以清楚地体现企业或项目成本信息。BIM 技术为 ERP 系统提供工程项目的基础数据，并完成海量的数据计算，由 ERP 系统分析和输出，能够解决企业信息化基础数据的及时性、应对性、准确性和可追溯性等问题。两个系统的高度结合可以赢得多重结果，使两个系统都大大增值。

根据目前我国市场上 BIM 技术与 ERP 系统对接的情况来看，需要对接的具体数据分为企业级数据和项目级数据。

企业级数据主要包括：分部分项工程量清单库、定额库、资源库、WBS 词典、计划成本类型等。

项目级数据主要包括：BIM 模型信息库、项目信息、项目 WBS、项目 CBS、单位工程、业务数据、经验教训等。

BIM 技术工程基础数据系统和 BIM 技术支撑的 ERP 系统无缝连接，可以大幅减轻项目的工作强度，减少工作量，避免人为错误，实现成本风险管控，让企业和项目都能第一时间发现问题，第一时间提出问题解决方案和措施，做到精细化管理，使工程管理向制造业管理模式靠近。BIM 技术与 ERP 系统的深度融合将是企业信息化发展的重要方向之一，并已经在我国一些重点建设项目中得以应用，如在上海中心项目，BIM 数据实现了与造价数据、项目管理数据的无缝对接，大大提升了施工效率和项目数据化、信息化集成应用的水平。

第 5 节　试点项目应用效益

随着 BIM 技术在建设工程行业应用越来越多，大多数的 BIM 应用企业获得了较好的投资收益，还有少部分企业面临高投入低效益的危机。多项研究表明，BIM 应用经验和应用水平较高的企业无一不是愿意对 BIM 技术进行投资的。因为作为一个"一把手"项目，BIM 技术的推广和普及取决于企业管理者和决策者对 BIM 技术的了解程度，以及是否能够看到行业更大更长远的效益。建设工程项目在业主方的应用效益如图 4-2 所示。

维护	使用	现状	方案
计划系统	系统规划	建模工程	论证设计
分析资产	三维设计	预算阶段	能耗分析
维保管理	模型深化	辅助规划	分析结构
追踪灾害	施工协同	辅助设计	分析日照

图 4-2　建设工程项目在业主方的应用效益

4.5.1　设计阶段应用效益

1. 实现模型的可视化

更早更准确地实现模型的可视化（图 4-3），并通过模型模拟各种表现方案，直观无死角地展现设计的效果，BIM 模型的三维可视化，比传统效果图展现更加灵活自由，可以剖切、可以旋转，甚至可以第一视角真实场景漫游，并能直接测量分析，提高设计决策效率。

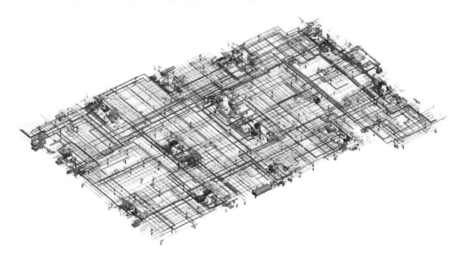

图 4-3　模型可视化

2. 允许多个设计专业更早地进行协作及模拟工作

1）方案模拟：该阶段的图样更加细化，反映的信息也更加齐全。利用 BIM 模型的模拟性特点，将该阶段的各种方案进行模拟更具有分析指导意义，例如进行大型设备运输路径的模拟，可以帮助设计院确定吊装孔、运输路径、墙体预留洞等是否合理，图样信息表达是否清晰明确，从而提升图样质量，预先控制施工顺序。

2）施工筹划模拟：通过与施工单位的施工组织进度相结合，可以用 BIM 模型模拟项目施工全过程，验证施工组织进度的可行性，发现和优化施工排班，通过和工程量相结合，还可以分析统计出各个阶段产生的费用，对于整个项目的成本和进度管理具有重大的价值。同时通过形象的动画演示，施工方、监理方、业主方，甚至非工程专业背景的领导都能理解项目施工的过程，提高沟通效率。

3）专项方案模拟：利用 BIM 模型的可模拟性，将各种复杂的施工工艺流程形象地通过三维动画的方式进行表现，既提高了方案沟通的效率，又可以实际模拟方案与周围环境的真实关系，比起传统二维平面和文字表达施工方案做法更具有验证意义，各种考虑不当的问题通过模拟可以直观地暴露出来，保证施工方案的可行性，间接提高对施工进度、安全、成本的管理水平。

4）施工场地布置模拟（图 4-4）：在施工开始前基于现场地形考察、图样资料等，在计算机中完成施工场地虚拟空间搭建，将施工场地布置设计方案以 BIM 的方式展示，既可以直观形象地表达工地的布置情况，又可以对场地布置与周边环境进行分析，对实际施工过程中的施工路径、大型设施、材料堆放、人员安全通行提供优化参考，优化各种布局，保证施工流畅，减小施工风险。

图 4-4　施工场地布置模拟

3. 提高设计的准确性，专项设计深化和优化

1）机房专项设计优化（图 4-5）：机房节点内机电管道复杂、重要，通过 BIM 技术对设备机房进行深度优化及管线排布，通过 BIM 模型对机房各系统管道寻找最优综合排布路径方案，有助于指导施工、可视化管理及决策分析。

2）精装修专项设计优化（图 4-6）：配合精装设计进行 BIM 专项方案优化，完成精装修空间对缝及机电末端定位，保证精装修方案的可实施性，完善精装方案。

3）幕墙专项设计优化（图 4-7）：对幕墙专业进行单项 BIM 优化设计，达到精细化建模。配合成本估算、施工协调、施工进度、管理空间可视化分析，配合施工单位及厂商下料，用于模型加工及安装参考。

4）屋面专项设计优化：商业综合体屋面无论从构造外形还是从机电排布角度上来讲，已经是

图 4-5　机房专项设计优化

图 4-6　精装修专项设计优化

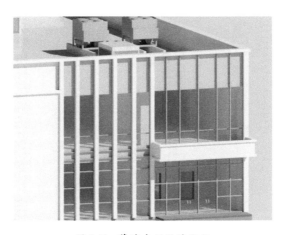

图 4-7　幕墙专项设计优化

日益复杂，所以屋面部分也有必要进行专项设计优化，主要有屋面碰撞检查、管线综合优化、设备荷载复核、机械设备吊装方案审核、屋面设备平视分析、虹吸预留洞定位、设备检修通道复核、新风排烟风口复核、屋面百叶方案确定等。

5) 外立面专项设计优化：城市综合体通常由于造型复杂多样，而业主对外立面方案的设计要求较高，在外立面方案设计中使用 BIM 技术，可实现多重丰富的立面效果，优化设计方案，助力业主决策。

6) 标准层专项设计优化：城市综合体的标准层区域往往由于走道空间狭小，吊顶装饰造型高度、非吊顶区域机电排布美观要求等，需要深化设计排布，BIM 的介入可以在以上方面发挥很大的价值。

7) 室外总体专项设计优化：小区管网与市政管网的对接点复核，室外总体管道与净高、覆土、树洞、小品、地下室反梁等的多方复核、排水沟与检查井位置点复核及精确定位等。

4. 与能耗分析软件连接，提高能耗效率及可持续性

基于 BIM 模型进行相关性能化分析，例如日照分析、能耗分析、采光分析、碳排放分析、疏散分析、风环境分析、立体绿化分析、消防应急预案分析等，如图 4-8 所示。

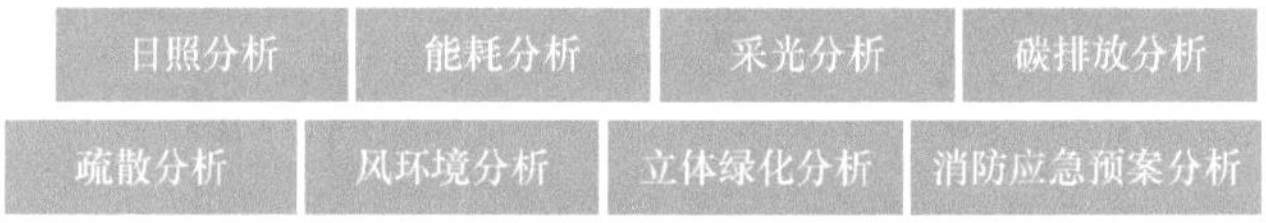

日照分析	能耗分析	采光分析	碳排放分析
疏散分析	风环境分析	立体绿化分析	消防应急预案分析

图 4-8　性能分析

5. 输出工程量

通过 BIM 建模软件，建立 BIM 模型，工程量可快速统计分析，套入定额及规范就可以形成准确的工程量清单，提前在模型中发现图样问题，也能精确统计工程量，如图 4-9 所示。

图 4-9　自动输出工程量

6. 设计意图检查和空间冲突分析

以国家强制性条款、强制性规定等相关要求为基础，基于 BIM 模型对扩大初步设计图进行净高预警分析，针对不同区域的净高要求，对 BIM 模型进行净高优化评估，确定每个功能区最终的净高，提交净高分析报告及净高色块填充图，为后续施工图设计、机电管线排布路径、图样修改等提供预警分析，如图 4-10 所示。

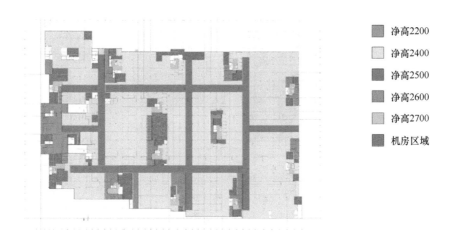

净高2200

净高2400

净高2500

净高2600

净高2700

机房区域

图 4-10　净高分析

4.5.2　施工阶段应用效益

1. 碰撞冲突检测以在施工前发现设计错误及疏漏

基于 BIM 模型进行碰撞检查，提前检测查找出各专业设计错漏碰缺关系。对软件自动查找的碰撞点，根据实际工程经验，经过各专业建模人员分析核对，编制碰撞报告（图 4-11 ～图 4-13），讨论优化。通过将碰撞问题前置解决，避免施工延误和错误返工问题，保证招标工程量的准确性，提高施工单位施工的质量和进度。

2. 交互系统更新能够迅速对设计或现场问题做出反馈

1）虚拟漫游（图 4-14、图 4-15）：模型建成后，利用配套的漫游软件，可以在模型内部进行第一或者第三人称视角的漫游。该模式对于模型内部情况的检查更加直观，例如装修方案的直观效果感受、工作空间的检测、隐蔽区域的内部情况等，并能随时查看构件信息，进行尺寸测量、构件显隐等操作，对于指导现场施工具有很高的价值。

2）后期展现（图 4-16）：传统的精装修设计通过对各种关键部位做效果图的方式表达装修后的效果，模式死板，无法充分表达出设计图的效果。利用 BIM 模型的剖切、隐藏、旋转、漫游等各种表现方式，可以完全表现设计图的方案，还能通过漫游实景感受建成后的效果，并且可以进行多方案比选，对施工方案的优化和改善提供了有力的帮助。

3）复杂节点建模放样：施工现场根据施工方案需要，经常要对辅助设施设备进行配套设计施工。利用 BIM 模型可出图性的特点，将模块进行精细化建模，同时可以根据细度需要，将模型进行颗粒度划分，各种组合部位可以单独分离进行剖切出图（图 4-17），用于指导施工部署及材料加工等工作，提高管理水平，节约成本。

项目名称	****项目				
记录人		记录日期		报告编号	JD_B1_012
图号、图名、版本	地下一层暖通平面图		标高	B1	重要程度 ⓐ
问题描述	此处风管贴梁安装，风管底标高为2000，门高度为2100，风管和门碰撞并且无法满足净高要求。需相关方确认解决方案		轴号	12-16交12-D	分析类别 机电

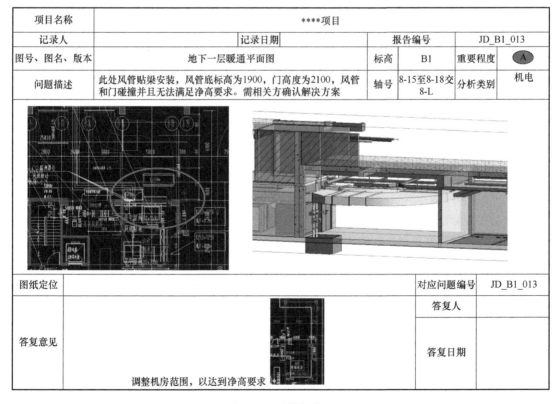

图纸定位		对应问题编号	JD_B1_012
答复意见	防火门上移至正压送风井侧，墙垛200	答复人	
		答复日期	

图 4-11 碰撞报告 1

项目名称	****项目				
记录人		记录日期		报告编号	JD_B1_013
图号、图名、版本	地下一层暖通平面图		标高	B1	重要程度 ⓐ
问题描述	此处风管贴梁安装，风管底标高为1900，门高度为2100，风管和门碰撞并且无法满足净高要求。需相关方确认解决方案		轴号	8-15至8-18交8-L	分析类别 机电

图纸定位		对应问题编号	JD_B1_013
答复意见	调整机房范围，以达到净高要求	答复人	
		答复日期	

图 4-12 碰撞报告 2

项目名称	****项目				
记录人		记录日期		报告编号	JD_B1_014
图号、图名、版本	地下一层暖通平面图		标高	B1	重要程度　Ⓑ
问题描述	此处风管贴梁安装，风管底标高为1800，无法满足净高要求。需相关方确认解决方案		轴号	2-5 交 2-L	分析类别　机电

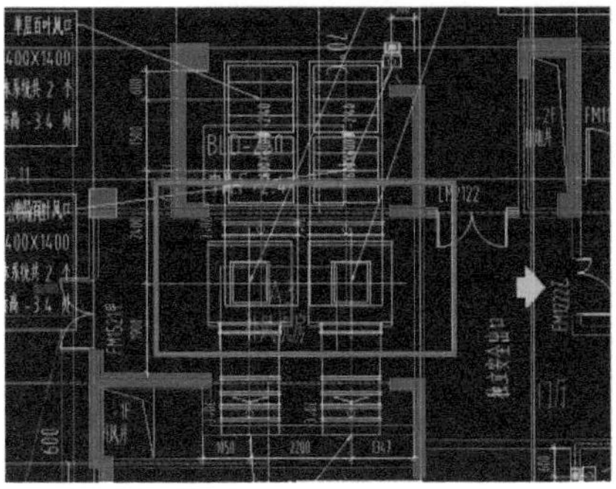

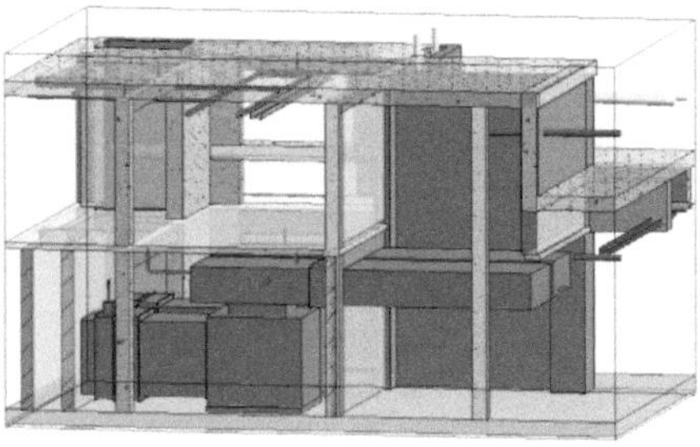

图纸定位		对应问题编号	JD_B1_014
答复意见	D-F轴交2-3至2-6轴增加百叶，洞口贴梁底，距地250 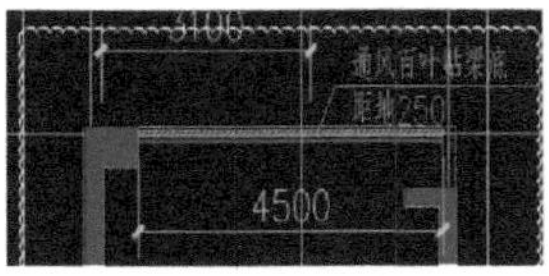	答复人	
		答复日期	

图 4-13　碰撞报告 3

图 4-14　虚拟漫游 1

3. 通过 3D 模型的生成实现采购、设计与施工的协同

利用 BIM 可视化功能，对建筑物内部功能区域以及空间信息进行可视化剖析，了解与掌握视觉空间、功能空间、维护空间的详细信息。组织该项目各专业负责人对模型进行检查，核对模型与实际图样吻合度，确保按图建模没有错、漏、偏，并追踪问题解决方案的落实情况。

4. 减少浪费、更好地利用精益建造技术

通过在施工图设计阶段建模过程中发现的各种不同专业的矛盾问题同步记录，并与设计人员进行沟通，可以保证在施工图送审之前就可以改正各专业设计上的矛盾问题或不合理的设计参数，减轻图纸审核单位的工作量，保证审核工作后的施工图的质量，从而节约因图样设计问题造成的

一系列的成本、进度上的浪费。

图 4-15 虚拟漫游 2

图 4-16 后期展现

图 4-17 剖切面

5. 有效协助企业或项目管控，为各项管理提供基础数据支撑

1）安全管理（图 4-18）：利用 BIM 模型的可模拟性，对各种施工方案、邻边保护措施、临时照明及安全提醒牌设置等进行模拟，并利用 BIM 模型的可出图性对一些重要措施进行出图，保证施工安全的可靠性。结合 BIM 协同平台的管理功能，对于所有施工环节的任务均采用流程化管理，对于进入现场办公的人员均利用平台进行安全管理流程，责任到人，避免因传统管理模式人员审批流程不到位等导致出现施工安全问题。

2）进度管理：通过完善的模型进行形象进度记录，不同颜色表示本周完成的部位、下周计划施工部位、本周未完成的部位等方式，随时了解施工过程中碰到的各种问题，对方案进行调整，保证施工进度的控制，形成历史记录，方便后续对施工问题的追溯。

3）成本管理：施工阶段对于工程量数据的测算统计需求十分频繁，因为各种数据统计量大、变更修改更新不及时、隐蔽工程数据记录不完整、实际用量统计模糊等问题，导致成本控制比较粗放。利用 BIM 模型工程量统计的优势，可以分构件、分区域、分时间、分班组等，灵活抽取工程量数据。模型变更调整后，所有数据也都及时更新，大大提高了管理水平。

图 4-18　安全管理

4）信息管理：结合 BIM 管理平台以及在模型上添加施工信息参数的方式，将施工过程中各种数据进行集成，所有参与人员根据权限不同可以对资料进行上传、查看、下载，以及与 BIM 模型之间进行关联。通过统一的平台管理，方便施工单位灵活记录、保存施工资料，查找方便，随时记录，保证施工信息的完善，对于企业内部管理有巨大的价值。

5）综合管理：基于 BIM 技术的档案资料协同管理平台，可将施工管理中、项目竣工和运维阶段需要的资料档案（包括验收单、合格证、检验报告、工作清单、设计变更单）等列入 BIM 模型中，实现高效管理与协同。

4.5.3　运维阶段应用效益

1. 模型为建筑系统提供信息数据来源，便于更好地进行运营和设施管理

根据项目进度，在竣工验收前，由设计、施工、监理各单位，汇总核对工程变更资料，各专业 BIM 模型展示、核对变更位置，确保竣工 BIM 模型与竣工现场工程情况一致。经各方确认后，提交 BIM 建筑竣工模型、机电竣工模型、结构竣工模型、幕墙竣工模型等。通过在 BIM 模型上集成竣工信息（设计图、竣工图、设备信息等），植入尺寸、规格，以及各个设备的厂家信息，挂接设备合格证书电子扫描件等信息，综合形成本工程的基础数据库。运营过程中，可以实现设备信息的快速调用，也可利用轻量化的各专业 BIM 模型，通过虚拟与仿真等技术实现建筑空间及设备的可视化，让项目运营人员身临其境地感受周围环境要素和内部空间净空、运营重点部位。最大限度地降低项目运营风险。

2. 竣工模型和信息系统可用于项目的运营阶段，作为设施管理数据库的基础

整理各专业的大量版本图样，进行图样归档。BIM 模型保持同步模型更新，每版图样均形成 BIM 问题解决闭环。

第 6 节　实施效果评估

目前国内行业认可度较高的有浙江省 BIM 服务中心制定和发布的《企业建筑信息模型（BIM）

实施能力成熟度评估标准》和《工程项目建筑信息模型（BIM）应用成熟度评估标准》等。

4.6.1 企业建筑信息模型（BIM）实施能力成熟度评估标准的级别评定

申报主体为工程建设行业的相关企业，包括但不限于建设单位、设计公司、施工企业、运营维护单位、工程咨询顾问公司、BIM 软件开发公司、院校科研单位、小微型 BIM 工作室等从事 BIM 技术服务的相关组织。

企业建筑信息模型（BIM）实施能力成熟度评估等级共分为三个级别，从低到高分别为模型级、应用级、集成级，对应评估证书等级为Ⅰ级、Ⅱ级、Ⅲ级，见表 4-1。

表 4-1 评估等级

级 别	名 称	证书编号实例
Ⅰ	模型级	SC0244638L18ES110001
Ⅱ	应用级	SC0244638L18ES120001
Ⅲ	集成级	SC0244638L18ES130001

企业评估证书编号 SC0244638L18ES110001 详解："SC"代表浙江省建筑信息模型（BIM）服务中心，"0244638L"代表浙江省建筑信息模型（BIM）服务中心社会信用代码后八位，"18"代表评估证书颁发的年份，"ES1"代表企业 BIM 实施能力成熟度评估标准，"1"代表级别，对应模型等级，"0001"代表第一个证书。企业评估证书样本如图 4-19 所示。

图 4-19 企业评估证书样本

4.6.2　工程项目建筑信息模型（BIM）应用成熟度评估标准的级别评定

申报主体为在建筑全生命周期的设计、施工和运维阶段应用 BIM 技术且获得良好效益的各类工程项目，不限于建筑专业、结构专业、暖通专业、电气专业、给排水专业、风景园林专业，以及装饰、造价、装配式、公路、隧道桥路、铁路、轨道交通、水利、电力、市政、运维等细分领域。

工程项目建筑信息模型（BIM）应用成熟度评估分为三个星级，从低到高分别为一星级、二星级和三星级，对应评估证书等级为★、★★、★★★，见表 4-2。

表 4-2　评估等级

级　　别	名　　称	证书编号实例
★	一星级	SC0244638L18ES210001
★★	二星级	SC0244638L18ES220001
★★★	三星级	SC0244638L18ES230001

工程项目评估证书编号 SC0244638L18ES210001 详解："SC"代表浙江省建筑信息模型（BIM）服务中心，"0244638L"代表浙江省建筑信息模型（BIM）服务中心社会信用代码后八位，"18"代表评估证书颁发的年份，"ES2"代表工程项目 BIM 应用成熟度评估标准，"1"代表级别，对应一星级，"0001"代表第一个证书。工程项目评估证书样本如图 4-20 所示。

图 4-20　工程项目评估证书样本

第三部分　设计方的企业级 BIM

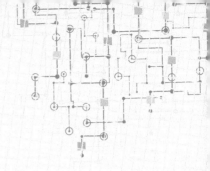

第5章 设计方的 BIM 应用规划

第1节 企业中长期 BIM 规划

目前，工程建设行业内各方都在推广 BIM，宣传 BIM 能为各方赋能并创造价值。BIM 在国内设计行业发展越来越壮大，政府部门、各行业设计单位或设计协会都对 BIM 进行相应的推广。国内设计单位基本都设立了专门的 BIM 咨询中心，且对 BIM 技术的应用日渐成熟，已具备很强的专业能力及 BIM 实施经验。

设计单位自身业务具备涵盖建设行业全生命周期的能力和特质，因此，在 BIM 运用逐渐深入后，它能充分发挥其专业优势，对 BIM 的战略需求更为明确。作为设计方 BIM 总监应根据企业自身业务需求、企业自身管理能力以及行业特性来建立企业中长期 BIM 规划。研究建立基于 BIM 的协同设计工作模式，从项目的实际需求和实施条件确定 BIM 参与的实施阶段及工作内容。

5.1.1 BIM 在设计阶段的运用

BIM 在设计阶段的运用如图 5-1 所示。

图 5-1　BIM 在设计阶段的运用

从图 5-1 看出，BIM 在设计阶段有 9 种主要应用。对比传统二维 CAD 业务，可以看出 BIM 在技术上可以取代 CAD 为信息交流的设计业务，实际上 BIM 也提供了此项应用。建立三维几何模型，并把大量的设计相关信息录入信息模型中，取代传统的平面图或效果图，形象地表现出设计成果，让项目各参与方全方位了解设计方案，清楚地了解设计意图，了解设计中的每个环节。

BIM 的独特价值更值得设计单位挖掘与推动。因此，我们要换个角度，站在企业层面来看 BIM 对设计行业带来的价值。设计单位是引导 BIM 应用的动力源之一。设计单位可以让项目各参与方意识到 BIM 的价值。由于 BIM 技术需要专业团队（包括 BIM 咨询师和 BIM 工程师）来付出额外的劳动来为业主服务，因此 BIM 合同就成为设计单位新的营利点。利用掌握的 BIM 技术、流程和信息，设计单位更容易往全过程工程咨询服务方向发展、延伸。

5.1.2　企业级 BIM 和项目级 BIM 的区分

企业级，是针对企业自身业务需求和管理提升，为此愿意付出人力和资金来进行企业内部信息化、数字化、智能化管理升级，始终围绕企业发展战略而主动实施的过程。深入了解 BIM 后，运用其技术优势和方法与设计单位业务活动相结合，不局限于 BIM 技术，同时涉及多单位多部门，并针对设计单位自身，将 BIM 技术本身提高到参与企业规划、资源调配、业务管理和对工作流程的再造，最终实现设计单位信息共享和协同开展业务的基础需求，提升企业知识管理和企业结构系统优化，增强企业核心竞争力。企业 BIM 运用标准及管理标准制定升级是基于构建 BIM 运用的数字化管理平台。这不是被动完成业主方或投标要求，不是被动应用 BIM，而是企业管理层考虑长远发展及成本管控，有效合理地运用 BIM 技术。这样的企业级有很大的倾向会寻求相同核心价值的专业 BIM 合作伙伴共同为设计企业做好 BIM 规划、带领设计企业进行 BIM 实施、与设计企业合创盈利模式，并与设计企业分享合作带来价值。

项目级，是针对项目中的需求，明确专业需求，解决实际问题，是设计单位在承担特定 BIM 项目时向合同方交付项目成果的过程，它是被动地将 BIM 技术运用在项目需求中的模式，并不属于传统主流设计业务，是传统二维流程和 BIM 工作流程并行实施，相互验证的模式。它具备以单一项目数据源为组织核心，运用与项目相关的特定局部资源和技术，开展 BIM 技术运用的特征。比如：利用 BIM 技术对设计进行过程管理，监督设计过程，控制项目投资、控制设计进度、控制设计质量等。这些都是应用 BIM 技术针对项目实施总控制，针对项目 BIM 技术运用，编制配套工作指南；针对项目编制 BIM 运用标准，并根据标准完成成果核查；同时在项目 BIM 运用中担任辅助各方的角色。

在建立企业级 BIM 研究过程中，通常发起于企业内部，它没有直接与外部环境形成合同或协议模式，其应用所预期的成果和完成的过程是依据企业的传统业务流程展开，其应用成果主要表现在 BIM 技术手段的提升和局部价值的展现，具备项目级 BIM 应用的典型特征，实际上依然停留在项目级，未实现企业级 BIM 实施，未从根本上体现出 BIM 能够为企业带来的整体价值和变革性的作用。

企业级 BIM 和项目级 BIM 是密不可分的，从应用阶段看，项目级 BIM 应用是企业级 BIM 实施的子集和细化；而企业级 BIM 实施往往要建立在一定数量的 BIM 项目实践和总结基础之上，结合企业的整体规划，扩展到企业整体的资源管理、业务组织和流程再造的全过程中。但从实施方法看，项目级 BIM 应用与企业级 BIM 实施在实现目标、管理范围、交付标准和分配机制等方面有着明显的不同，见表 5-1。

表 5-1　企业级 BIM 与项目级 BIM 的区别

区别	实现目标	管理范围	交付标准	分配机制
企业级 BIM	依托 BIM 技术实现企业的长期战略规划	针对企业整体发展和运行	设计成果把控	价值分析体系
项目级 BIM	根据特定的要求完成特定的内容	针对单个项目实施和运用	项目成果交付	传统分配机制

1. 实现目标不同

项目级 BIM 应用的目标是完成或执行特定合同或协议的 BIM 要求，关注于技术的实现和突破；企业级 BIM 实施的目标是依托 BIM 技术实现企业的长期战略规划，整体提升企业的综合竞争力，关注于企业整体的资源整合、流程再造和价值提升。

2. 管理范围不同

项目级 BIM 应用针对特定项目合同或协议，其管理重点在于项目的有效执行和目标实现；企业级 BIM 实施针对企业发展目标和整体运行过程，其管理重点在于制定本企业的 BIM 质量管理体系和有效控制，其内容包括资源整体配置、相关标准执行、业务流程监控、设计成果审核等。

3. 交付标准不同

项目级 BIM 应用的交付标准侧重于完成商业合同或协议所规定的项目交付成果；企业级 BIM 实施的设计交付标准则侧重于对企业设计成果整体质量的把控，以及将项目应用成果转化为企业的知识资产，特别强调其设计资源重用率的提升。

4. 分配机制不同

目前，项目级 BIM 应用基本遵循的是企业传统价值分配机制，如考核机制、奖励机制和相应的分配原则；未来企业级 BIM 实施将依据 BIM 带来的价值变化，重新建立企业的价值分配体系，两者将会有重大的区别和根本性的差异。

企业级 BIM 实施意味着设计单位全新且完整的业务流程和生产组织方式的产生，标志着企业基于 BIM 的生产力变革的实现。设计单位在推动 BIM 的过程中，都经历了由易到难，逐步向多专业、多阶段复杂项目的拓展过程。从近年来 BIM 行业推动的趋势看，大多数设计单位推动 BIM 的形式都是成立 BIM 小组或 BIM 部门，其 BIM 部门甚至具备独立对外营业的能力。但 BIM 小组或部门除了因设计单位本身专业价值对 BIM 技术能力的提升具备一定优势外，几乎无法解决 BIM 应用过程中设计单位所面对的大多数挑战，包括：人才培养方式的不匹配、设计流程冲突、数据基础薄弱、考核机制的不适应、缺乏企业级的实施标准与配套资源等。因此，BIM 小组或部门只是在有限的范围内为设计单位提高项目中标率或收费比例而简单地创造着生存的价值。但这只是传统流程与 BIM 流程并行的现在，而不是未来！这对 BIM 技术的推动并无益，反而会因价值不高而动摇设计单位推广 BIM 的信心。

5.1.3 企业级 BIM 规划

企业级 BIM 规划如图 5-2 所示。

1. 战略层面分析

企业级 BIM 规划应当从企业建筑信息发展战略出发，基于信息化、参数化的精确设计建造，实现全过程多专业优化，这种优化不是简单的技术优化，而是完整的业务流程和生产组织方式的优化。

图 5-2　企业级 BIM 规划

从战略核心分析，由于建设行业整体竞争力水平较低，导致产品品质低下，生产成本高及管理效率较低。所以，设计行业需要整体产业升级，需要设计单位提高素质及效率，促进设计行业的协调发展，同时做好技术水平和管理水平以及产品质量的全面优化；另外，要促进设计单位自身先进技术的进步，特别是支撑技术的推广和应用；要站在企业战略角度注重长远的增长模式，制定包括社会可持续发展、生态可持续发展、经济可持续发展的目标。

战略层面应当认清信息技术是支撑行业变化的关键技术。BIM 技术是信息化带动整个建筑产业转变的一次技术飞跃，而围绕建筑全生命周期，以 BIM 为核心在标准化、专业化、集成化三个方向深化应用的信息技术，以 BIM 为依托，改变产业管理模式实现产业链的业务重组。

企业级战略要将建筑领域信息技术发展方向、长期普及应用过程、促使建筑业的彻底改变定为预期目标。

2. 战术层面分析

企业级 BIM 战术层面要注重实施方法、应用范围、资源配置及技术路线。企业级 BIM 需要建立契合企业自身规划、组织、管控的具体措施，将 BIM 本身视为设计单位建立信息技术基础的重要手段与行为方式。需要考虑多重因素，包括生产经营需求、制约发展的瓶颈、技术路线，以及企业当前的 BIM 应用基础和人员素质等。需要制定一个全面的企业 BIM 规划和标准体系，建立一个切实可行的实施路线，并具备未来可扩展的 BIM 实施框架。措施建立的目标应当以保障企业BIM 实施工作更为顺利、高效，且低成本为原则，保证 BIM 实施解决方案能够与本设计单位业务结构和经营战略有机结合，为企业提供有效的技术支撑和管理支撑。

3. 执行层面分析

对于执行层而言，首先从思想上统一认识，系统地认知 BIM 技术，制定明确的实施流程，特别是目标计划和节点。组建相应的 BIM 领导小组和工作小组，使调研和决策规划相适应，搭建符合企业自身的组织架构。同时，对技术标准进行合理化修订，完善技术标准和规范，并能形成一定数量的工具模板。另外，做好全员普及和示范项目的推广和运用。

第 2 节　企业 BIM 基础能力调研与评估

企业级 BIM 的建立需要对企业自身有清晰准确的认知，立足于企业自身发展的实际情况，进行科学性的推进。

5.2.1　BIM 中心建立基础能力调研与评估

我们要弄清为什么企业自身要建立 BIM 中心。对于项目级的 BIM 而言，设计单位完全可以将 BIM 工作依托第三方 BIM 咨询企业完成，而且效果立竿见影。但是对企业级 BIM 就没有像项目级 BIM 成效快，全生命周期需要一定的时间和过程，在此过程中，不同的参与者，成本管控和预期结果都需要时间和实际行动证明，由于很多因素阻碍了企业级 BIM 建立和推广，因此，对中心建立基础能力调研和评估分析就尤为重要。对企业自身对 BIM 技术诉求的准确分析，对中心职责的定位要准确和清晰，对实施标准规范与企业制度的精准匹配等方面进行调研、制定和评估分析。

5.2.2　企业级规范和制度的调研与评估

企业级 BIM 规范和制度不能仅限于 BIM 模型和不同专业集成来进行简单的定义，要在梳理模型公共信息标准的同时，对管理收益、能力提升、经济效益和市场效益进行全面的评估。将 BIM 技术与企业管理相结合，与管控制度、推广方式、设计技术标准、商务能力、技术协作单位管理及设计院品牌效益和业务拓展规划相结合，重新定义技术规范和工作流程再造。对业务流程、业务活动及商务和技术协作模式都重新定义，确保基于 BIM 技术的设计工作流程运转顺畅，确保能通过技术革新对管理水平、工作效率、技术水平、成果质量及成本核定实现全面提升。

5.2.3　BIM 运用硬件、软件基础能力调研与评估

再次强调，行业的每一次发展和变革都是以信息化发展为核心的技术革新。而 BIM 的技术应用和实施又全面地符合这一特征。因此搭建适合企业级 BIM 的资源环境变成了保障企业实施 BIM 的基础要件。对硬件、软件等环境资源和基础能力的调研不能片面地集中在对单一软件的认知上，也不能片面地集中于对硬件设备的配置属性。要从企业战略发展目标出发，结合 BIM 实施的整体方针，全面满足中期发展需求，并为长期发展预留可扩展的环境资源。

5.2.4　实施所需具备的基础能力调研与评估

目前，设计单位能够将 BIM 作为企业生产力有机组成部分的微乎其微，这说明，大部分设计单位对人员、流程、标准等基础能力定位不清晰，发展不均衡。结合 BIM 的设计模式，审视、定义准确的人员角色，例如企业级的 BIM 总工、总监、项目经理、其他 BIM 设计等相关岗位人员，并对这些岗位赋予职能，对企业组织结构和经营分配等赋予新的关系网络。对企业现有的构件资源进行全面细致的梳理，建立构件资源库，而资源库的建立和扩充，不能简单依靠项目级 BIM 的发展，必须结合企业自身发展高度，建立设计单位自身特有的构件资源，并使这些资源与其他社会资源相关联，产生更大的价值。对企业现有的数据交换与存储标准进行评估，分析现有数据标准能否作为结构性数据，并规范与其他设计资源相关的标准建立，顺利实现企业 BIM 推进，使其实现互联、互通。

5.2.5　项目具备实施企业级 BIM 调研与评估

前文提到，企业级 BIM 实施往往要建立在一定的 BIM 项目实践和总结基础之上，结合企业的整体规划，扩展到企业整体的资源管理、业务组织和流程再造的全过程中。因此，对试点项目的选择尤为重要，应当清晰地对项目是否具备实施企业级 BIM 的条件进行分析、论证。不要一味地追求大而全的完美主义，过分地追求 BIM 技术在项目级应用的细节。否则只会使企业级 BIM "原地踏步"，达不到试点的效果。设计单位试点项目不能只考虑设计阶段

的应用，应当充分发挥企业级 BIM 以项目落地的形式贯穿项目全生命周期。同时，对项目特征进行分析，不宜选择超出设计单位本身承载体量和难度巨大的项目实施。实施试点项目的团队和人员及相应制度都处于磨合和实验阶段，虽然 BIM 在体量越大和复杂度越高的项目中价值体现越明显，但一定要对大型复杂项目和设计单位自身承载能力进行客观、合理、科学的评估，否则可能会导致制度不匹配，人员力不从心，从而影响未来企业级 BIM 的顺利实施和实施者的坚定信心。

第 3 节　BIM 部门的定位与经费分析

5.3.1　BIM 部门的定位

定位：让 BIM 成为企业规划、资源调配、业务管理和对工作流程的再造的管理技术和数据支撑。

使命：增强企业核心竞争力，各方赋能并创造价值，能为建设行业带来本质性的改变。

实现价值：

① 深化业务管理和对工作流程的再造。

② 提升企业效益（社会、经济），合理配置资源。

③ 为企业规划提供强大的技术和数据支撑。

企业 BIM 中心主要承担以下工作：

① 推动企业自身 BIM 技术研究。

② 建立完善的 BIM 应用管理方式，其中包括实施标准等技术规范、审核及应用流程、考核机制等。

③ 协调和配合各部门应用 BIM 技术提升协助管理能力，并协同检查。

④ 对企业级 BIM 数据日常维护和管理。

⑤ 企业 BIM 人员培养。

⑥ 积极参与 BIM 技术对外交流活动。

5.3.2　BIM 部门的经费分析

BIM 部门组成的生产要素主要包括 IT 环境资源、BIM 人力资源和 BIM 模型资源等几个方面，其经费主要在这几个方面体现。

IT 环境资源是指企业 BIM 实施过程中所需的软、硬件技术条件及其他相关基础设施，如：BIM 实施所需的各类软件系统工具、计算机、服务器、网络资源、数据存储系统等。

企业的 IT 基础架构主要包括计算机、服务器、网络资源、数据存储系统等硬件环境资源，是企业级 BIM 实施中资源投入比重最大，技术集成性很强的部分。

BIM 人力资源是指企业中与 BIM 组织、实施直接相关的技术和管理人员，以及相应的组织机构，如：BIM 专业工程师、BIM 项目经理、BIM 数据管理员，以及独立或非独立的 BIM 相关机构和部门等。图 5-3 为信息管理部组织架构示例图。

BIM 模型资源是指企业在 BIM 实施过程中积累并经过标准化处理，形成可重复利用的模型和构件的总称，一般存储于企业 BIM 信息化系统中，BIM 模型资源一般以库的形式体现，如：BIM

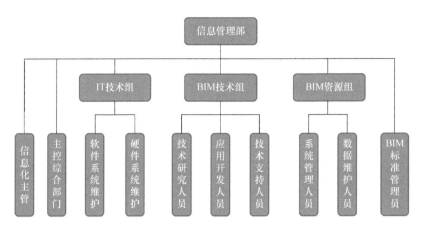

图 5-3　信息管理部组织架构示例图

模型库、BIM 构件库、BIM 知识库等。这些 BIM 构件和模型经过加工处理，进行合理管理和有效利用，可形成能重复利用的资源，从而大幅度提高 BIM 的设计效率和设计质量，降低 BIM 实施的成本。

第6章 设计方的 BIM 应用实施

第1节 BIM 中心建立

设计单位在建立企业级 BIM 时应当充分认识 BIM 中心建立的重要性,应当充分认知信息化、数据化对企业发展规划和实践积累的重要性。BIM 中心人员不仅要由具备 BIM 建模能力、BIM 软件使用能力和 BIM 实施能力的人员来组成,还应包含对企业管理、流程及数据信息等有相应了解的专业人员,使整个 BIM 中心不仅有较强的项目实施能力,还有更高的企业管理和信息化、数据化发展意识。而且这些人员必须思想统一,通力合作,才能实现未来企业级 BIM 的顺利落地实施。因此,BIM 中心的领导者可以是分管技术或具备技术能力的企业高管。BIM 中心组织架构如图 6-1 所示。

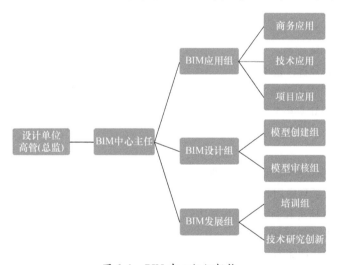

图 6-1　BIM 中心组织架构

6.1.1 人员基础能力要求

1. 设计单位高管
设计单位高管就是 BIM 中心总负责人、BIM 总监。

1)岗位说明:

① 以企业级 BIM 为核心,依据企业管理定位及项目决策,制定与企业相适应的 BIM 实施计划和战略方向。

② 负责组织协调设计院内外部各方资源，并跟进资源调配协作情况。

③ 负责将 BIM 技术优势转化参与企业规划、资源调配、业务管理和对工作流程的再造。

④ 负责组织推动 BIM 可持续发展。

⑤ 实时查看 BIM 应用过程中反馈的问题，总协调及解决 BIM 实施出现的问题或冲突。

⑥ 对 BIM 执行情况进行及时监督及纠正。

2）岗位要求：

① 深入了解 BIM。

② 企业高管，并具备较好的管理和协调能力。

2. BIM 中心主任

1）岗位说明：

① 负责 BIM 中心日常管理。

② 负责协调公司内部资源。

③ 参与制定 BIM 中心中长期规划，并负责组织执行。

④ 负责制定 BIM 培训方案，完善人才梯队建设，并负责内部培训考核、评审。

⑤ 负责 BIM 相关各项制度和管理方案的完善。

⑥ 负责对企业级 BIM 建立分析和把控制性方向，并切实做好对成果的审核和效果评估。

2）岗位要求：

① 具备相应的工作经验。

② 具备较好的管理和协调能力。

3. 技术应用组

1）岗位说明：

① 负责项目级 BIM 应用。

② 负责现场数据分析、整理。

③ 负责项目级 BIM 应用点，如：工艺、质量、安全等应用点的现场执行监督。

④ 负责企业级 BIM 应用反馈情况的收集。

⑤ 负责项目级 BIM 应用各参与方的协调、组织。

2）岗位要求：

① 具备 BIM 高级工程师的能力，清晰地认识企业级 BIM。

② 具备独立负责项目应用和指导能力。

③ 具备 BIM 深入研究和新应用开发能力。

④ 具备 BIM 投标方案讲解能力。

⑤ 具备项目现场协调能力。

4. 商务应用

1）岗位说明：

① 负责商务部分数据分析、整理。

② 负责商务部分技术对接，比如合同的对接。

③ 分析资金及资源配置情况。

2）岗位要求：

① 具备 BIM 应用与商务专业结合的能力，清晰地认识企业级 BIM。

② 具备独立负责项目应用和指导能力。

③ 具备 BIM 深入研究和新应用开发能力。

④ 具备项目现场协调能力。

5. 项目应用

1）岗位说明：

① 负责 BIM 技术在进度、成本、技术、质量和安全方面的落地应用。

② 负责 BIM 模型与现场应用实时更新。

③ 负责现场各岗位应用指导和检查。

④ 根据项目提供驻场服务和指导。

⑤ 配合项目需要为甲方或主管部门提供讲解和服务。

2）岗位要求：

① 具备 BIM 应用的能力，清晰地认识企业级 BIM。

② 具备独立负责项目应用和指导能力。

③ 具备项目现场协调能力。

6. 模型创建组

1）岗位说明：

① 确定项目中各类 BIM 标准和规范，并严格落实企业级 BIM 在项目级 BIM 中的标准和规范。

② 全面负责项目所需的各专业 BIM 的搭建、建筑分析、三维出图等工作。

③ 负责各专业的综合协调工作（阶段性管线综合控制、专业协调等）。

④ 负责 BIM 交付成果的质量管理，包括阶段性检查及交付检查等，组织解决存在的问题。

⑤ 安装专业建模并进行管线优化。

⑥ 指导及督促各岗位人员实施情况、完成情况。

2）岗位要求：

① 清晰地认识企业级 BIM 与项目级 BIM。

② 有相关专业及施工经验，较好的沟通能力。

③ 掌握相应专业规范和施工工艺。

④ 熟练掌握 BIM 相关软件操作。

7. 模型审核组

1）岗位说明：

① 负责模型质量审核工作，提供详细的质量审核分析报告。

② 负责审核落实企业级 BIM 在项目级 BIM 中的标准和规范。

2）岗位要求：

① 清晰地认识企业级 BIM 与项目级 BIM。

② 拥有较丰富的 BIM 施工经验，较好的沟通能力。

③ 深入掌握相应专业规范和施工工艺。

④ 了解 BIM 相关软件操作。

6.1.2　岗位职责

1. 设计单位高管（即 BIM 中心总负责人、BIM 总监）

1）工作任务：

① 制定 BIM 中心中长期规划，并监督检查执行情况。

② 建立与企业管理体系建设相配套的企业级 BIM 体系。

2）人才管理：

① 制定设计单位企业级 BIM 人才梯队建设方案及目标。

② 激励提升设计单位 BIM 各部门及全员参与意愿。

3）BIM 技术交流、技术支持：积极参与行业内 BIM 技术交流活动，推广公司 BIM 技术应用成果。

4）关键项目质量审核：

① 督导和考核企业级 BIM 对工作流程再造进度及质量有关标准的执行。

② 督导企业 BIM 技术体系知识库的完善质量。

5）对外沟通协调：同行业主管部门及各参与配合单位保持良好的沟通和协调，建立和维护良好的社会关系。

6）企业文化：参与企业级 BIM 宣贯，提升企业自身能力及对外形象。

2. BIM 中心主任

1）工作任务：

① 参与制定 BIM 中心中长期规划，并负责组织执行。

② 依据 BIM 中心规划，制订本部门年度计划，付诸实施和检查。

③ 优化部门制度及流程，监督日常操作规程以及各项规章制度的落实。

2）人才管理：

① 落实本部门团队人才梯队建设、主导员工技术培训工作，确保实现梯队人才目标。

② 甄选、获取、培养、激励公司发展所需关键人才，提升员工能力与愿力。

3）BIM 技术交流、技术支持：

① 积极参与行业内 BIM 技术交流活动，推广公司 BIM 技术应用成果。

② 为各个项目提供 BIM 技术支持服务；配合营销部门招标答疑。

③ 为项目施工过程提供 BIM 技术应用指导。

④ 实施对施工准备环节进行图样会审及外部质量和安全交底。

4）关键项目质量审核：

① 督导和考核下属员工的模型质量及纪律性符合有关标准。

② 团队成员技术能力水平与解决问题的能力。

③ BIM 技术体系知识库的完善数量、质量。

5）对外沟通协调：同行业主管部门及各参与配合单位保持良好的沟通和协调，建立和维护良好的社会关系。

6）企业文化：参与企业级 BIM 宣贯，提升企业自身能力及对外形象。

3. BIM 应用工程师（隶属 BIM 应用组）

1）工作任务：

① 负责 BIM 技术在进度、成本、技术、质量和安全方面的培训。

② 负责 BIM 为满足现场应用所需要的调整以及因设计变更引起的模型维护等。

③ 负责现场各岗位应用指导和检查。

④ 根据项目提供驻场服务和指导。

⑤ 配合项目需要为甲方或主管部门提供讲解和服务。

2）BIM 技术交流、技术支持：

① 协助项目投标，体现公司 BIM 技术能力。

② 积极参与各项 BIM 技术交流活动，认真学习各种先进技术；配合中心负责人推广公司 BIM 技术应用成果。

③ 配合中心负责人做好企业对外宣传工作，扩大企业影响力。

④ 协助技术主管为项目施工过程提供 BIM 技术应用指导。

3）对内、对外沟通协调：

① 与 BIM 建模组建立模型交底和接收。

② 对外展示 BIM 应用成果。

4. BIM 建模工程师（隶属 BIM 设计组）

1）工作任务：

① 负责工程项目的建模工作，按照施工要求在特定的时间内完善模型的建立。

② 快速对图样设计中产生的缺陷进行定位。

③ 随时对现场所需的基础数据进行快速调取，并且将模型中的工程量与预算工程量进行对比，形成成果报告。

④ 负责 BIM 模型维护、修改，针对本专业对相关人员进行技术交底。

⑤ 对创建的 BIM 模型自我审核。

2）BIM 技术交流、技术支持：

① 协助项目投标，体现公司 BIM 技术能力。

② 积极参与各项 BIM 技术交流活动，认真学习各种先进技术；配合中心负责人推广公司 BIM 技术应用成果。

③ 配合中心负责人做好企业对外宣传工作，扩大企业影响力。

④ 为项目施工过程提供 BIM 技术应用指导。

3）对外沟通协调：与各相关部门、各个项目进行沟通协调，建立和维护良好的关系。

5. BIM 审核工程师（隶属 BIM 设计组）

1）工作任务：

① 负责工程项目的建模质量审核工作，提供详细的质量审核分析报告，必要时参与 BIM 创建工作。

② 完成上级布置的其他任务。

2）BIM 技术交流、技术支持：

① 协助项目投标，体现公司 BIM 技术能力。

② 积极参与各项 BIM 技术交流活动，认真学习各种先进技术；配合中心负责人推广公司 BIM 技术应用成果。

③ 配合中心负责人做好企业对外宣传工作，扩大企业影响力。

④ 指导并配合 BIM 建模工程师为项目施工过程提供 BIM 技术应用指导。

3）对外沟通协调：与各相关部门、各个项目进行沟通协调，建立和维护良好的关系。

6.1.3　培养目标和范围

1. 培养目标

通过对培养对象的分析和有针对性的培养，帮助设计单位内部梳理并掌握企业级 BIM 和项目级 BIM 的特点、要点、应用方法和操作规范。

确保关键岗位的梯队建设及多岗位协同能力，保证多岗位协作有效的应用，同时避免因为人员更换或者岗位角色调整引发的应用程度下降和信息丢失。

培养过程中进行知识传递和转移，通过 BIM 中心整体实施和服务过程，促进 BIM 技术在企业内部逐步掌握和熟练应用，提高企业内部人员的 BIM 能力水平，加强 BIM 人才培养建设。

2. 培养范围

培养范围包括企业级和项目级应用培养，对重点岗位关键人员进行企业级培养。项目属性较为突出的部门和人员先进行项目级培养，做好培养分级。

第 2 节 基于 BIM 的企业标准流程再造

设计单位流程再造应当充分考虑在设计业务过程中与企业 BIM 实施相关的过程组织和控制，设计流程中主要行为包括业务流程、业务活动、业务协同三个方面。

业务流程：是指针对设计过程中一系列结构化、可度量的活动集合及其关系。如方案设计阶段的业务流程通常包括创建模型、模型审核、二维视图生成、方案提交等相关联的多个活动以及步骤。

业务活动：是指业务流程中特定活动的具体内容，如建模、分析、审核、归档。

业务协同：是指针对专业内、专业间或不同业务方，业务活动之间的协调和共享的过程，如协同设计、综合协调。

设计单位流程再造是对上述三个方面内容的定义和规范标准的再造，设计单位制定标准时，除了依据相关规范基本准则或内容以外，还应该考虑自身需求，定制自己的设计业务间流程标准。

在传统 CAD 时代，各种设计业务间流程以分类的图样为基础，各个设计阶段的设计内容分布在不同的图样上，常常导致信息交流不畅。各个专业之间、各个阶段之间信息大多是孤立、难以共享的。

为了避免剧烈的业务流程再造对设计单位生产力产生短期负面影响，有必要在传统的业务流程基础上，采用从专业协调到阶段融合的渐进推动方式，实现基于 BIM 的设计流程的平稳过渡。而这一前提是要对传统业务实现全面深入的流程梳理。

1. 业务流程调整注意事项

建筑设计被划分为若干个阶段，其目的是使设计进程能够逐步变得清晰，以便于各专业、各工种的有效配合，更好地控制设计周期和有效地进行组织管理。

例如：民用建筑设计一般分为概念设计、方案设计、初步设计和施工图设计四个阶段。

概念设计一般在业主与设计单位签订设计合同之前完成，会在建设项目规划阶段由一个或多个设计团队进行设计，并在多个概念设计中最终确定最理想的方案，它一般划分在设计阶段之前，通常理解为开发阶段的工作内容，故不在本文中进行讨论，本书主要针对方案设计、初步设计和施工图设计三个阶段展开。

相对于传统设计流程，引入 BIM 技术后，这三个阶段的变化主要表现在以下三个方面：

（1）工作流程的变化

1）各参与方介入时间提前。与传统方式相比，BIM 技术将带来整体建筑工程项目周期的合理缩短。但由于目前国内的实际情况，设计周期通常被压缩到非常紧张的状态，因此在建筑设计过程中，并不会出现设计周期的明显缩短。

2）工作任务相对前置。在每个设计阶段，设计工作的内容更为深化，涵盖了某些以往在其后续阶段的工作内容，当前阶段的设计成果将会部分接近或达到下一个阶段初期的设计深度。设计人员可提早进行必要的相关分析和检测，从而减少设计错误，降低纠错成本。工作任务的相应前置必将带来不同阶段工作量的变化，因此应适当调整收入分配方式。

3）设计校审过程转变。设计校审过程将由传统的二维校审转变为基于 BIM 的三维校审，由阶段性的校审转变为实时模型审查并结合阶段性校审的工作模式。

（2）数据流转的变化

1）实现了并行的协同工作模式。专业内部甚至各专业间在同一个数据模型基础上完成各自的工作，并可相互直接参照，实现了专业内及专业间的实时数据共享。

2）实现了专业间更理想的综合协调效果。通过各专业数据模型的连接和整合，在设计过程中就可以随时进行协调，从而将很多设计冲突在设计过程中予以避免或进行解决，再辅以阶段性总体综合协调环节，从而达到更高的设计质量。

3）改变了项目协调方式和手段。从传统的使用二维图与效果图相结合的项目协调方式，转变为直观的基于 BIM 设计模型的浏览、分析、模拟等方式，展示手段也更加丰富。

（3）工作效果的变化

1）提升了工作效率。特别是在方案设计阶段更为明显，设计师可以将更多的精力专注于设计创意，平面图、立面图、剖面图（以下简称平立剖图）等二维视图均可通过 BIM 快速生成。

2）提供了量化依据。为建筑分析提供更理想的数据基础，可直接用于建筑分析，能够为设计优化提供量化的参考依据。

3）完善了设计内容。在 BIM 模式下得以更多地发现和解决传统模式下不易暴露的错、漏、碰、缺问题，因此提升了设计质量。

2. 业务协作注意事项

准确和充分的数据交换是业务协同的基础。在传统二维设计模式下，多采用定期、节点性的提资，通过图样来进行专业间的业务数据交换，这种传统方式明显存在着数据交换不充分、理解不完整的问题。此外，图样间缺乏相互的数据关联性，也经常会造成不同图样表达不一致的问题。企业应用 BIM 技术后，各方可基于统一的 BIM 随时获取所需的数据，实现并行的协同工作模式，改善各方内部及相互间的工作协调与数据交换方式。基于 BIM 的协同工作模式的改变，也必将在工作方法与业务流程方面产生一定的变化，以适应新技术的应用，更好地达到协同工作的效果。

设计协同是指协调多个不同设计资源或者设计个体，一致地完成设计目标的过程。设计协同一般可分为内部协同和外部协同两类，内部协同又可分为专业内协同和专业间协同。

3. 成果交付标准

BIM 设计交付物是指在建筑设计各阶段工作中，应用 BIM 技术按照一定设计流程所产生的设计成果。它包括建筑、结构、机电，以及综合协调、模拟分析、可视化等多种模型和与之关联的二维视图、表格、相关文档等。

依据 BIM 设计交付的要求和对象，BIM 设计交付物可划分为以下三种基本类型：

1）满足建筑设计要求，并以商业合同为依据形成的 BIM 设计交付物。

2）满足建筑审批管理要求，并以政府审批报件为依据形成的 BIM 设计交付物。

3）满足企业知识资产形成的要求，并以企业内部管理要求为依据形成的 BIM 设计交付物。

前两种交付物主要针对企业外部，后一种交付物则针对企业内部。为细分管理，通常，我们将企业对合同或政府审批方交付物的交付行为称为"交付"，将企业内部各专业、各部门之间的交付行为称为"提交"。

BIM 设计交付标准是指在企业整体范围内，针对 BIM 设计交付所建立的相关标准和定义。

第3节 配置硬件、软件

未来建筑设计企业信息化发展的核心是 BIM 技术的应用与实施。搭建针对企业 BIM 实施的相关软、硬件环境资源，包括 BIM 软件工具集和基于 BIM 应用的软、硬件基础架构两个主要部分，这是企业级 BIM 成功实施的基础保障条件之一。企业级 BIM 实施过程是一个循序渐进、逐步推广的过程。软、硬件环境资源搭建应依据企业的 BIM 规划，并根据企业自身的实际状况，采取总体规划、分步实施的方法。现阶段，企业应综合考虑长期发展目标、BIM 整体实施步骤和方法，以及满足企业近期 BIM 实施的实际需求等多方面因素，搭建合理的资源环境，一方面可以避免一些不切实际的软、硬件资源建设，另一方面也可为将来的发展预留可扩展的空间。

6.3.1 硬件、软件资源

企业 BIM 实施中，BIM 软件工具集和基于 BIM 应用的软、硬件基础架构建设的基本阶段和步骤如下：

（1）前期准备阶段 企业在 BIM 实施前应安排专人或成立项目组，了解国内外 BIM 软件资源及与其相适应的软、硬件基础架构，了解同行业或其他行业企业 BIM 实施的情况，并结合本企业的特点，明确 BIM 实施的需求和目标，形成 BIM 实施的初步规划。

（2）选型阶段 通过全面考察、重点评估、试用分析的方法选择适合企业自身业务需求的软件系统，并依此选择与之相适应的硬件及网络环境。

（3）分步部署阶段 在前期选型的基础上形成本企业 BIM 实施的总体规划，建立从近期到长期的分步部署计划。依据计划全面展开网络基础设施建设，包括计算机和服务器部署、软件系统平台安装调试等，这些工作通常应由专业的工程师负责或委托专业机构完成。

（4）培训应用阶段 企业级 BIM 实施中 BIM 软件和软、硬件设备的高效使用必须通过系统的培训来实现，培训对象主要包括专业设计人员和管理人员。为提高效率，培训和分步部署可采用并行方式开展，即边部署边培训，共同完成后进入实际应用阶段。培训内容应包括基础使用培训、应用技术培训、高级定制培训等，为此企业须制定专门的培训计划和方案。培训工作应随着 BIM 应用的不断深化，长期进行。

（5）后期维护阶段 软硬件更新、网络维护和升级是企业软硬件资源建设的重要组成部分，也应引起足够的重视，为此企业应制定专门的维护方案。

6.3.2 数据资源

企业 BIM 数据资源一般是指企业在 BIM 实施过程中开发、积累并经过加工处理，形成可重复利用的 BIM、构件及其他可复制利用的数据资源总称。对 BIM 数据资源的有效开发利用将大大降低企业 BIM 实施的成本，促进资源共享和数据重用，也是实施 BIM 技术的优势之一。在企业实施 BIM 过程中，BIM 数据资源一般以库的形式体现，如 BIM 模型库、BIM 构件库、BIM 户型库及清单库、定额库、资源库、计划成本类型等数据资源，我们将其统称为 BIM 数据资源库，它是企业信息资源的核心组成部分。BIM 数据资源标准化涉及模型及其构件的产生、获取、处理、存储、传输和使用等多个环节，贯穿于企业生产、经营和管理的全过程。

企业 BIM 数据资源标准化的核心工作包括以下两个方面：

1）BIM 数据资源的信息分类及编码。

2）BIM 数据资源管理。

第 4 节 应 用 实 施

企业级 BIM 实施方法是规划、组织、控制和管理建筑企业 BIM 实施工作的具体措施，是建筑设计单位信息化的重要手段与行为方式。它综合考虑了 BIM 规划实施中的多种因素，其中包括生产经营需要满足的各种需求、制约企业发展的瓶颈、企业的技术路线，以及企业当前的 BIM 应用基础和人员素质等。

实施方法的核心是要制定一个全面的企业 BIM 规划和标准体系，建立一个可扩展的 BIM 实施框架，并给出切实可行的实施路线。通过落实实施方法中的具体措施，使得企业 BIM 实施工作顺利、高效、低成本地进行，保证 BIM 实施解决方案能够与本设计单位业务结构和经营战略有机结合，为企业提供有效的技术支撑和管理支撑。

6.4.1 实施步骤及方法

目前，企业级 BIM 实施主要有以下两种基本形式：

1. 从企业级规划到项目全面实施的方式——自顶向下

先建立企业整体 BIM 的战略规划和组织规划，通过试点项目验证企业级整体规划的合理性，并不断完善更新，然后在企业内全面推广。整体上可以分为前期筹备、中期启动、全面普及三个时期。

2. 从项目型实践到企业级整体实施的方式——自底向上

实施前期主要以满足甲方需求为目的，基本围绕项目运行。在积累了一定项目经验的基础上，制定出适合企业自身发展的 BIM 整体规划和实施方案，逐步扩展到企业级实施。

对企业而言，BIM 实施是一个系统工程，因此应采用自顶向下和自底向上相结合的方式。

在启动阶段，应借助第三方专业服务机构对企业自身进行诊断，提出企业级 BIM 实施规划，包括 BIM 实施的基本方针和技术路线、重点内容及阶段划分、资金投入和财务安排等要素。在局部实践基础上，制定建立企业 BIM 实施标准和细则，进行普及应用。

6.4.2 实施效果评估标准

目前，有部分设计单位已形成一定的项目型 BIM 应用规模，取得了明显的经济效益和社会效益，开始着手制定和实施企业级的 BIM 应用。但我们也应当清醒地看到，企业级的整体 BIM 实施尚处于起步阶段。无论是整体还是局部，在现阶段主要对以下几个方面进行效果评估：

1）企业经营层是否就 BIM 达成共识，是否全员接受 BIM 带来的现实变化。

2）管理模式是否发生变化，这种变化是否推进企业管理。

3）企业流程是否完成再造，新流程是否运行顺畅。

4）数据资源管理能否实现多专业融合、复用和共享。

5）考核机制、奖励机制及分配机制是否发生改变，这种改变是否更为科学合理。

6）企业是否已具备企业级 BIM 特征。

第5节 适用项目选择

企业 BIM 应用过程中切忌完美主义。过分追求 BIM 技术的细枝末节，考虑应用的方方面面，一定要有 100% 的把握才去行动，结果往往会是原地踏步。BIM 作为一项新技术，其发展和成熟会有一个过程，现阶段 BIM 肯定还存在一定缺陷，例如设计、施工、运维三个阶段 BIM 应用相对独立，各专业 BIM 模型接口还不完善等。那么到底是先做起来利用 BIM 现有价值帮助企业提升，还是等企业都应用成熟了才开始尝试？

BIM 应用的最佳切入点还是通过项目的实际应用，在应用过程中熟练掌握 BIM，培养企业自身的 BIM 团队，建立适合企业的 BIM 管理体系。通过试点项目在企业内形成标杆，通过 BIM 项目的成功应用消除大家的疑惑和抵触，坚定大家应用的决心和信心。同时把试点项目的成功应用经验推广应用到其他项目中。

6.5.1 选择方式

对于试点项目的选择需要遵循以下两个原则：

1）项目越早启动 BIM 效果越好，BIM 的价值在于事前，对于已经施工的部分，BIM 价值就很难发挥出来。另外在正式施工前进入有利于做好各项基础准备工作，有利于专业 BIM 团队和项目管理人员进行磨合。在项目施工过程中实施 BIM，现场管理人员的精力和时间有限，对 BIM 顺利开展会产生影响。

2）项目体量和难度需达到一定规模，BIM 在体量越大和复杂度越高的项目中价值体现越明显，普通的项目管理相对简单和轻松，即使 BIM 成功应用也很难起到标杆价值。例如住宅项目，难度很小，类似工程大家做了很多，已经驾轻就熟。很多施工工艺和复杂节点在住宅项目上也很难体现，例如安装的管线综合。所以在大型复杂项目上，管理人员在施工管理中会有力不从心的感觉，从而他们对 BIM 学习和配合的热情度会更高。

6.5.2 实施应用范围

对于试点项目，设计企业 BIM 应用目标可概括为：在选取有效的三维设计、协同平台的基础上，将 BIM 技术切实应用到设计阶段，辅助准确把握项目需求，合理确定项目技术标准、建设规模、线路走向和投资估算，综合论证项目建设的必要性、可能性和可行性，协助编制施工组织设计，为项目立项和决策提供直观可靠的依据，在目前传统设计的基础上实现更有效的设计协同管理、取得更优的设计成果、达到二维和三维联动模拟的目的，达到规范设计流程、提高各阶段信息传递效率的目的。其具体目标为：

1. 线路方案三维可视化

应用 BIM 技术将专业、抽象的项目方案描述通俗化、三维可视化，各专业设计人员、业主、项目审查人员和其他参与者更容易理解设计意图，激发创新思维，提出改进方案，最大限度地满足项目需求，为项目立项和决策提供直观的依据。

2. 设计过程协同化

应用 BIM 技术将各专业间独立分散的设计成果，置于统一的三维协同设计环境中，综合分析比选线路技术方案，直观检查差、错、漏、碰，避免因误解或沟通不及时造成的设计错误，提高规划设计质量和效率。

3. 联动模拟可视化

利用 BIM 技术可实现三维模型与数值分析软件的联动，实现以下方面的功能：

1）模型与数值分析软件之间的二维计算联动。

2）模型与数值分析软件之间的三维计算联动。

3）模型与三维渲染软件之间的数据联动。

4）模型与性能分析软件之间的数据联动。

4. 设计流程规范化

建立设计阶段的 BIM 实施标准，规范 BIM 实施内容和过程，使得 BIM 技术在设计流程中做到有据可依，减少现阶段的盲目应用和各种非标准化 BIM 实施所造成的大量财力、物力、人力和时间等社会资源的浪费及损耗，降低实施信息化的成本和风险。通过 BIM 技术的规范化操作、协作化运行和信息资源有效利用，最终实现在 BIM 模式下的规模化、规范化设计，从根本上提高设计生产率和效率。

5. 设计成果可优化

应用 BIM 技术对设计成果进行三维可视化集成，能直观查询设计参数、工程数量和投资估算，分析方案合理性，能对设计方案进行修改，保证方案可行、最优。以隧道专业为例，利用 BIM 技术可实现设计阶段的整体三维模型的碰撞检验、附属洞室和防排水设计的优化、斜切式洞门钢筋的精确计算以及洞门里程的可视化定位。

第四部分　施工方的企业级 BIM

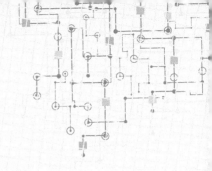

第7章　施工方企业中长期应用规划

第1节　企业级中长期 BIM 规划存在的问题与解决的办法

1. 主观障碍与解决办法

1）主观障碍：市场调查发现企业领导层考虑的因素主要分两方面。一是投入成本培养人才后，企业能获取多少利益；二是培养成功后人才如何留住。

2）解决办法：若企业资金雄厚，可以小步快跑，把 BIM 技术的效益转变为其他科技成果，比如论文、工法、科技奖、专利；若企业资金紧张且仅能支撑较低成本的 BIM 应用，可以小步慢跑。第一，多参加外部交流、BIM 会议、高峰论坛，了解其他企业 BIM 发展和行业内最新的 BIM 发展动向。第二，加入各地区 BIM 发展联盟。一个地区的 BIM 联盟是代表当地 BIM 应用最先进的地方。第三，网上学习相关资料。BIM 行业的论文、专利、成果诸多，经过自身提炼学习，找到适合自身的切入点，然后再由点及面。最后是关于企业 BIM 人才流失的问题，一方面企业可采取多种激励措施，另一方面企业需要加强各方的宣传与重视程度。

2. 客观障碍与解决办法

施工企业的种类有国企、央企、民营企业等诸多企业，这些企业都存在自身发展情况的限制，有的是利润率高，生命力强；有的是利润率低，勉强过日。所以针对形形色色的施工企业，在发展 BIM 技术时需要有不同的解决办法，不可千篇一律，毕竟每个企业的自身情况不一致。比如有一些企业明明房建做得非常出色，却去购买基础设施 BIM 软件。有些本来在 BIM 成本这一块投入有严格的控制，却要把大量的资金方案投入到购买软件上，这样是得不偿失的。所以针对不同的企业，整理了以下几种客观障碍：

1）资金困难：一个企业资金困难，无法做到有效投资，那么就需要从外部借力，从实践 BIM 项目中借力，选择合作企业，加强公司双方不同层次的交流。选派具有丰富工作经验的员工去对方公司学习。学习来的宝贵经验都可以当作公司自身发展的重要参考资料。然后根据经验和资料慢慢摸索，也许大型企业一年 BIM 投资高达上百万，那么小企业只需要每一年投资十分之一或者百分之一。对于资金困难的企业自身的定位，不是很快掌握相关 BIM 技术，而是每天每月每年均有应用创新。

2）BIM 技术人才缺失：加强校企合作可以从多方面解决企业在发展 BIM 技术所遇到的问题，也能为学校培养适合企业的人才提供保障。学校与企业天生的不同造就两者结合肯定会产生 $1 + 1 > 2$ 的效果。企业不是科研机构，科研机构固有一种学术优势，这种是企业所欠缺的。而校企合作

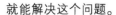

就能解决这个问题。

校企合作就是学校和企业的一种合作模式，一方面可以为企业培养所需要的人才，提高学校就业率。另外一方面，学校是一个注重研究的地方，但是一些研究成果需要找到一些实例进行试验，以检验相关研究成果的可行性和可靠性。这种模式很好地解决企业研究场地问题，同时也解决了学校实习实训设备不足的问题，做到资源共享，互惠"双赢"。

校企合作建议方法步骤如下：

第一，收集企业项目特点，描述施工难点，各参与方对 BIM 技术要求与难点。

第二，学校根据项目特点、施工难点，进行研究，得出相关研究报告。其中研究成果应包括采用 BIM 技术能否达到各参与方要求、需要多少成本、效益有多少、大致的技术路线、对传统施工的影响、进度的把控、质量与安全的实施。

第三，企业和校方开会讨论确定研究报告大致内容，企业再作为工程施工方与各参与方进行讨论。相关讨论成果应及时通知学校方面。

第四，根据成稿的研究报告，返回学校和企业进行细部技术方案实施方法的讨论，确定最后的 BIM 技术方案。注意在 BIM 技术方案中如果涉及特殊机械设备、复杂环境施工均应及时和企业施工项目方沟通。注意分析理想环境与现实环境的差别，使 BIM 技术方案实施性强，实施起来更好。

这种模式是值得推荐的模式，许多在办公室无法讲明白的东西，在现场查看就一清二楚。企业遇到的技术瓶颈，经过学校专家研究后，就能拿出大致方案。这些都是需要互相配合的。所以在企业加强 BIM 人才培养和应用的过程中，一定要保证校企合作的顺利开展。

第2节 中长期规划安排

解决上述所存在的问题，才能开展具体的规划安排，企业中期规划主要在于软硬件、培养人才、项目 BIM 应用经验。在中长期规划中要注重怎么打通各个 BIM 应用环节，实现数据整合、数据互通，不仅仅是企业内部，而且包括企业与企业、企业与政府。

1. 企业公司级

企业公司级定位在分公司级之上，不直接管理项目，而是管理分公司，这一层主要集中资源分配与管理，而且一般都是具有法人单位的公司。可以制定相应的 BIM 规章制度，为下面各个分公司 BIM 应用提供一个良好的环境。所以公司对 BIM 的定位主要是目标定位、监督及软硬件配置。

（1）中期目标 对于企业公司级的中长期规划应该怎么规划呢？首先是目标和规章制度，目标就需要确定企业的 BIM 应用目标，花几年的时间培养人，花几年的时间实现一个目标。此处以三年中期目标为例：

第一年：首先确定人员和物资，然后组建 BIM 团队，这里的 BIM 团队一般是指 3 人以上的团队，而且不能是完全的建模人员，一定要懂施工，懂工程管理，然后再开展 BIM 团队建设，这一年人员的目标在于研究与应用，根据公司自有的项目进行研究与应用，当然最基础的还是软件操作，这一点就不做多的说明。

考虑到初期企业投资风险这一块，所以软硬件基本上满足使用要求即可。具体见表 7-1。

表 7-1　计算机推荐配置

CPU	英特尔 Core i9-7940X @ 3.10GHz
内存	64GB
硬盘	三星 SSD 860 EVO 250GB（250GB/固态硬盘）
操作系统	Windows 10 64 位（DirectX 12）
普通或专业图形显卡	Nvidia GeForce RTX 2080（8GB/影驰）
显示器	每台计算机配置 2 台 20 寸显示器

注：考虑双屏主要是为了方便学习，基本上一台 12000 元左右可以满足要求。这个成本还是在可控制范围内。
具体的软硬件将会在后面的内容进行详细描述。

第二年：人才和硬件，之前培养的人才可以进行 BIM 总监的定位，硬件要求主要考虑渲染，渲染对计算机要求高，因为渲染效果主要是做展示效果使用，在组建初期和项目初期是有作用的，目前考虑公司发展规划已经进入第二年，是需要考虑渲染需求的。同时，因为涉及项目模型大小，计算机内存大小也是一个因素，所以必须适当考虑该项成本。

第三年：根据 BIM 总监人才素质，可以围绕 BIM 总监组织团队，在公司资金雄厚的情况下可以考虑成立单独的 BIM 中心，受企业技术负责人直接管辖。这里考虑硬件要求，需采用表 7-2 的配置。

表 7-2　计算机推荐配置

CPU	英特尔 Core i9-7940X @ 3.10GHz
内存	64GB
硬盘	三星 SSD 980 1TB（1TB/固态硬盘 ）
操作系统	Windows 10 64 位（DirectX 12）
普通或专业图形显卡	MSI Ge Force RTX 3080 Ti SUPRIM X 12G（12GB/微星）
显示器	每台计算机配置 2 台 27 英寸显示器

注：如果公司考虑成本，预算有限，那么可以少量采购。

（2）长期目标　长期目标在于企业 BIM 技术转化为科技成果，科技成果转化为生产力。公司要做好 BIM 管理工作，首先要建立完善的 BIM 管理体系。一般来说，BIM 管理体系由 BIM 管理决策体系、BIM 保证体系、BIM 监督体系组成。

1）BIM 决策层。公司 BIM 决策组织主要是以公司总工程师为首的组织，BIM 负责人与部门经理分别是总工程师下面的主要执行者。其职责是：对公司 BIM 发展提出具体的目标和要求；对公司 BIM 发展起到全过程监督。组织架构如图 7-1 所示。

2）第一负责人。公司科技业务分管领导总工程师是本公司 BIM 工作的第一责任人，其主要职责是：审核公司 BIM 管理规划体系、审核公司 BIM 执行体系、审核公司 BIM 规章制度；审核分公司、分支机构、项目部的 BIM 工作的检查、考核、评价结果。

3）其他人员。公司 BIM 负责人、公司科技部门经理对公司 BIM 管理体系的运行、维护负监督管理责任。其主要职责是：

① 组织制定公司 BIM 管理规划实施细则，并监督执行。

② 组织制定公司 BIM 管理体系实施细则，并监督执行。

③ 组织审核公司 BIM 技术实施应用技术标准，并监督执行。

④ 制订公司年度 BIM 管理工作计划，并监督落实。

⑤ 负责 BIM 日常工作的统筹、审批、资源调配与安排。

⑥ 开展以提高 BIM 技术应用能力为目的的学习、培训、会议、赛事等活动，组织公司 BIM 技术推广和攻关活动。

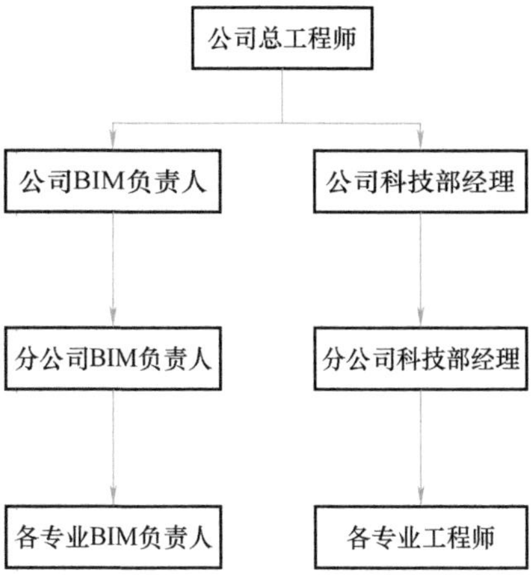

公司长期目标主要在于规章制度和实施体系的

图 7-1　组织架构

制定，人才培养还是可以按照短期培训进行，但是对人才的要求将会进一步提高。

2. 企业分公司级

分公司级就是具体的执行者，此处区别于公司级。公司层级只需要制定相关 BIM 规章制度和 BIM 应用点，而分公司层级就需要把相关制度全部下发到项目上，指导项目开展实际应用，将措施落到实处。这就需要考虑具体的实施细则和规章制度，公司是把握方向的，但是分公司是需要具体落实的，所以实施细则很重要。

那么分公司的中长期具体规划如何安排呢？这点主要是结合公司的目标和科技发展规划，制定详细的实施细则，确保项目上 BIM 专业人才的有效使用。

（1）理论路线

1）BIM 技术路线。BIM 技术路线就是针对某个工程 BIM 应用点总结出的组织实施顺序。目前市面软件种类繁多，虽然操作过程不一样，但是目的一致。这也就说在采用何种 BIM 应用点，应用到何种程度，就需要我们进一步的总结和绘制相应的技术路线图。具体如何实现，步骤如下：

第一，了解市面上相关软件的主要应用方向，见表 7-3。

表 7-3　软件描述

软 件 名 称	特　　点
描述具体 软件名称	1. 属于何种类型软件（桥梁、隧道、房建等） 2. 专业术语是否复杂 3. 是否与施工现场使用的软件能够数据互通 4. 软件价格 5. 在施工、设计哪些工程阶段方面存在优势 6. 售后服务 7. 相关应用实例

注：在特点这一列，对待每一个软件均应形成相应的报告，软件报告至少要包含上述 7 点，可以根据实际情况进行删减或增加。

第二，对于软件的选择与推行，需要综合考虑下表 7-4 三个方面的因素。

表 7-4　配置评价

序号	类　型	评　价　标　准
1	操作过程复杂	软件上手速度，逻辑性是否强，专业术语是否过于专业，配合其他软件或者插件协同性是否高
2	目标与项目贴切	软件出具的量，误差是否大，市面上认可度是否高，与工程量清单对比结果是否大
3	大面积推行	软件成本，推广前景，软件后续费用，后续应用深度

在进行存档资料时，还应绘制出技术路线。绘制技术路线图的具体操作步骤与注意事项均应在相关步骤中标明，并且还附上实现上述操作的工作量、人员及时间。工作量应包括项目主要介绍和本次技术路线应用工作量。具体绘制要求如下：

技术路线应按照工程分类来归档，例如基础设施临建场地土石方开挖技术路线，则应命名为基础设施-临建场区-拌和站-土石方 BIM 应用。在保存纸质版时，还应保存电子版，以防丢失。

制定企业 BIM 技术路线是一项工程量浩大的工作，所以没有必要每种软件都去尝试、都去配合，只需要选择企业有特点的项目进行应用即可。那么如何发现有特点的项目呢？

第一，工期紧张、业主要求高。有些项目从开工到竣工只有一二百天，要求也非常高，这个时候就需要提前使用 BIM 技术介入。BIM 信息化技术可以进行进度模拟和实时动态监控质量、安全管理。在当前这个项目中正好可以发挥其优势。

第二，施工难度大。施工难度大的项目，更加需要传统施工技术配合 BIM 技术中的可视化、三维模拟，对技术方案进行提前把控。BIM 软件具有多种方案对比功能，当一种方案不成功时，也能快速采取另外一种方案进行对比研究。所以针对施工技术难度大的项目采用 BIM 技术往往能起到事半功倍的作用。

在选择项目后，首先，需要编写 BIM 技术实施方案，在方案里面要分析出传统施工进度需要优化的地方。出具采用 BIM 新技术与传统施工技术的对比分析报告，然后 BIM 团队将对比分析报告报交给业主或者第三方。在实践过程中不断和业主沟通调整，确定最后的技术路线。

注意，在后期如果遇到类似的项目一定要注意总结，同样的项目、同样的技术路线，都可能会有不同的效果。BIM 技术可应用于项目的全生命周期，所以在应用 BIM 技术的过程中，一定要把各方面因素全部考虑进去，以达到最优的技术路线。

2）BIM 专业知识培养。BIM 人才是复合型人才，不只是懂软件，还需要了解专业知识，比如在绘制多级边坡时，如果不知道坡度比例和相关的专业术语，那么就不能又快又好地搭建所需的 BIM 模型。现在一些设计院已经开始 BIM 正向设计，就需要从三维到二维，这样就要求设计师具有丰富的三维空间想象力。以后直接把设计院的模型拿来用，如果施工方不懂 BIM 技术，则无法对模型进行深化设计。

专业知识是 BIM 技术的基础，在进行 BIM 基础理论学习时也要保证专业知识的理论学习。在对 BIM 技术考核的同时也需要对专业知识进行考核。在学习 BIM 专业知识时，还应该与 BIM 理论知识相结合。不断地把新技术与传统技术做对比，发现其中的差别，并整理汇总。

（2）实践路线

1）BIM 人才实践能力培养。首先，BIM 人才不能完全脱离施工现场，在刚刚踏入 BIM 行业之前或者公司在招聘 BIM 人才时，不能直接从没有任何现场施工经验的人中选拔，而应该从有两三年项目经验的员工中选拔。

2）BIM 技术路线。根据上述统计的技术路线进行小规模的人员训练，并从中选拔人员分配技术路线，进行 BIM 工作培养。使用技术路线进行人才培养，可以快速掌握软件基本操作，在后期进行深入设计时，可以快速选择相应的软件进行培养，直接开始深入应用点，降低选择成本。

3）BIM 团队建设。团队建设内项目驻场是主要手段之一，在企业内掌握基础 BIM 建模技术并且具有一定现场经验后，便可驻场。驻场做 BIM 不一定是业主方和监理方的要求，更多的是为了提高公司的 BIM 技术水平。

项目驻场期间，主要是开展 BIM 优化设计，不管是路桥还是房建，在传统的施工过程中均有可以优化的地方，在应用的过程中一定要使 BIM 技术和传统施工工艺相结合。不要脱离专业知识，驻场期间出现的问题一定要及时跟公司交流反馈。

项目驻场期间，企业应严格对项目 BIM 驻场人员进行考核，每月形成完整文案上报。具体的考核要求，将在后续详细说明。对于有驻场经验的员工，应培养其"传帮带"的能力。

（3）BIM 团队考核　考核主要分为两个级别的考核：一个是针对公司内部的考核；另一个是针对项目驻场人员的考核。公司内部要求是每半年考核一次，项目驻场人员则要求的是每月考核一次，针对每次考核情况形成完整的考核报告（表7-5），考核次数可以根据实际情况进行调整。

表7-5　考核报告

公司内部考核

总体要求	分公司内部至少有 3 名熟练的 BIM 人员，并配备必要的基础软硬件。人员应制定企业 BIM 应用计划、BIM 培训计划、年度 BIM 技术总结等。每年根据 BIM 技术特点至少应用多项 BIM 技术特点，提升公司 BIM 管理效率，取得 BIM 应用成果和相关 BIM 文档资料		
检查项目	达标要求	检查内容	评分原则
人员和设备配置（20 分）	有 BIM 专职人员，熟悉 BIM 理论、BIM 技术特点，熟练掌握基础 BIM 建模软件 有基础 BIM 建模能力，可以开展的 BIM 技术应用和培训	抽查 BIM 专职人员工作记录，考核 BIM 专职人员关于 BIM 技术理论，现场操作 BIM 模型建模能力	无 BIM 专职人员扣 5 分 BIM 员工对 BIM 应用理论、相关概念描述不清晰，不合理扣 2 分，扣完为止 无法熟练使用相关 BIM 软件扣 2 分，扣完为止
BIM 培训（10 分）	公司每季度应组织一次 BIM 技术培训	抽查培训记录，培训记录应包括会议纪要、签到表、照片、考试试题、学员考试成果、学员成绩单	培训每少一次扣 2 分
BIM 技术应用（40 分）	公司应建立 BIM 技术年度应用计划及应用情况台账 每年至少应用 1 项 BIM 技术特点（可视化、协同性、模拟性、优化性、出图性） 每月应有 BIM 应用总结，包含应用项目、项目特点、人员和软硬件投入情况、经济效益分析、科技成果转化情况、下一步 BIM 应用重点和计划、需要公司解决的问题等	检查公司 BIM 资料是否齐全，是否存在弄虚作假的情况，对相关应用点表达思路明确 检查 BIM 技术的应用总结项和完成质量。科技成果完成质量高、效果好，有一项加 5 分，上不封顶	无 BIM 年度应用计划及应用情况台账，每项扣 2 分，扣完为止 应用技术缺一项扣 2 分，扣完为止 缺 BIM 技术特点扣 2 分，扣完为止

（续）

检查项目	达标要求	检查内容	评分原则
BIM 技术路线（30分）	公司应针对不同的项目制定有相关的 BIM 技术路线，BIM 技术路线应包括应用时间、应用具体效益、主要参加人员、具体实施软件、项目特点，并且要用框图表示，在框图下方标注软件的应用成果	检查企业 BIM 技术路线	技术路线不清晰的扣2分，扣完为止技术路线内容缺少一项扣2分，扣完为止

注：考核低于 60 分的，对专职负责人进行处罚；在 60～80 分之间的，不奖不罚；高于 80 分的，要进行奖励。科技成果具体衡量标准示例见表 7-6。

表 7-6 科技成果具体衡量标准示例

序号	种类	要求	备注
1	论文	核心期刊或者影响因子在 0.4 以上的国家级期刊	
2	科技奖	当年获得两个，此项算满分	
3	专利	实用型专利或者发明专利授权一个此项满分	
4	BIM 大赛	获得一个 BIM 大赛奖项奖励 20 分，上不封顶	
5	工法	获得一项工法，BIM 技术应用描述内容达到全文的 30% 以上，此项算满分	
6	其他	在工程中确实取得良好的经济效益，此项满分	
说明	满分成果可以直接累加，计算在明年考核指标内		

主要考察 BIM 技术应用成果，成果应具有多样性，专利、论文、科技奖均可以，不限得奖等级，对于专利，受理通知书也是可以证明其科技性。目前来说，应用 BIM 技术进行专利申请，大多数都是发明专利，而在国外 BIM 发展相对成熟，运用 BIM 技术获得发明专利，存在一定的困难，所以受理通知书也是对成果的肯定。应制定专门的得奖规章制度，出台多项激励措施。

对 BIM 技术深化点的考察主要是为了给 BIM 技术路线做铺垫，只有在传统施工工艺上有所革新，才能很好地发挥其应有的价值。BIM 技术特点均与传统的施工管理存在多多少少的不同，所以知道 BIM 技术在施工阶段的深化点，也知道传统的施工管理，也就明白了如何进行优化。只有进行优化才能产生效益。

BIM 技术路线：在企业拥有相对成熟的技术路线并且可以开展大规模的 BIM 技术路线应用时，技术路线也会慢慢变得重要，在初期受制于成本，可能都是低层次的 BIM 技术应用，后期一旦成熟后，就会变得越来越重要。所以针对 BIM 技术路线一定要及时归纳与总结，一定要开展相关的工作。每一条技术路线的应用项目，特点要写得仔细，具体应用多少时间，也应精确到分钟。因为 BIM 软件很多，一种应用点可以由四五种软件达到，那么要分析出每一种软件达到相同应用点的优缺点，并从多个维度展开分析，优中选优。

（4）驻场 BIM 专职人员考核　总体要求：主要是考察驻场 BIM 专职人员是否按照规定进行 BIM 技术应用，需要每月提交相关 BIM 成果，如果涉及需要甲方与监理方确认的资料，也需要一起提交。驻场人员是站在 BIM 应用的最前线，所反映的问题和成果最能说明 BIM 技术的实施力度。

如何对现场驻场人员做到以考促学，是公司管理者需要考虑的问题。驻场人员要根据不同的施工阶段来进行不同的 BIM 技术应用，并提交阶段性的成果。评分原则见表 7-7。

表 7-7　评分原则

检 查 项	检 查 要 求	评 分 原 则
三维建模（10 分）	三维模型能够完整准确表达图样内容（包括：柱梁墙板、门窗洞口、给排水管道、风管、电气桥架、钢构幕墙、桥梁支座、盖梁、锚杆等影响 BIM 应用的重要构件）	一般建筑分别以"建筑、结构、钢构、幕墙"和"给排水、暖通、电气"专业划分成两个模型，并对所有楼层进行整合，着色模式下截取等角图，基础设施截取整体模型远景及不同道路形式连接段、重要节点近景。未按时提交或模型未整合，且无正当理由，此标准项得 0 分 根据项目进展，实时更新维护模型，重要构件遗漏或错误一处扣 2 分，扣完 10 分止 文件命名、配色方案每错误一处扣 2 分，扣完 10 分止
BIM 应用（30 分）	每个项目至少应用 1 项 BIM 技术特点（可视化、协同性、模拟性、优化性、出图性）	缺少一项扣 2 分，扣完为止
施工动画（10 分）	根据现场施工工艺要求制作施工动画	提交的动画成果，施工动画不完整，存在错误，发现一处扣 2 分，扣完为止
企业模型库（10 分）	根据复杂结构类型创建 BIM 模型库。每个项目创建 BIM 模型不少于 10 个	缺少一个扣 1 分，扣完为止
工作记录表（5 分）	每天应对自己的 BIM 工作如实填写	未按时填写工作计划表得 0 分
奖励措施（20 分）	取得 BIM 相关课题、论文、专利、工法、奖项、等级证书及其他 BIM 应用成果并公示	达到科技效果好的标准给予奖励 未达到该标准，产生的科技成果费用给予报销，但是不奖励
其他（15 分）	在接受上级单位检查时，BIM 工作被通报表扬	每一次得 5 分，最高得 15 分

注：考核低于 60 分的，对专职负责人进行处罚；在 60～80 分的，不奖不罚；高于 80 分的，要进行奖励。上述成果均按照施工进度每月进行提交，BIM 应用点不局限于这些点，开展更多的点当然更好。施工动画根据实际情况掌握，在不做要求的项目上，可以不开展施工动画的制作与考察。

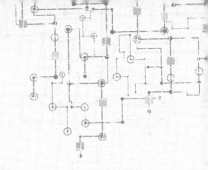

第8章　施工方的 BIM 应用实施

8.1.1　公司 BIM 架构

公司 BIM 组织机构是由总工程师为第一负责人，公司 BIM 负责人和技术负责人为主要执行者。具体框架可以参考企业长期发展的组织框架图，如图 8-1 所示。

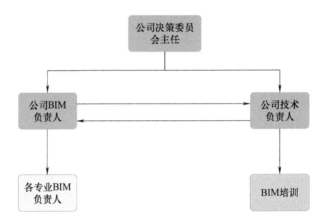

图 8-1　企业长期发展的组织框架图

因分公司直接管理项目，BIM 专业负责人直接对接项目，故将各专业 BIM 负责人和 BIM 培训放在分公司层级。

8.1.2　分公司 BIM 架构

分公司直接管理项目，重点应放在项目的具体实施上。为满足项目落地需要，应该配置足够的专业技术人员，完成项目的成果输出。分公司 BIM 架构如图 8-2 所示。

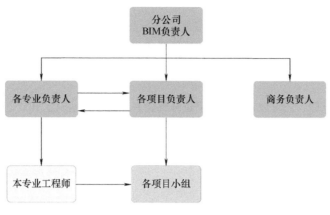

图 8-2　分公司 BIM 架构

第 2 节　资 源 配 置

8.2.1　企业级 BIM 核心技术研究

1. 关于 IFC 数据交换的研究

IFC 是国际数据交换标准。IFC 能够描述建筑产品的各方面信息，是目前描述建筑信息最全面和详细的规范。

IFC 是通过一个分层和模块化的框架包含和处理各种信息，自下而上分为四个层次，分别是资源层、框架层、共享层、领域层，每个层次又包含若干模块，同时遵守一个原则：每个层次只能引用同层次和下层的信息资源，而不能引用其上层资源。定义上部接口的时候，下部接口可以开放，打通软件交互之间的接口。不过 IFC 数据研究需要大量的人力和物力，一般企业无力承担相关费用。

2. BIM 标准

在企业运用过程中一定要进行必要的总结，形成适合企业自身的 BIM 标准，施工企业最好的优势就是具有众多项目，可根据不同的项目特点，开展不同程度的 BIM 应用。好的应用可以总结形成一套完整的工法。

3. 科技成果

将 BIM 技术转化为科技成果，作为宣传企业的重要窗口。同时，科技成果也进一步推动公司生产力发展。

8.2.2　企业 BIM 人力资源配置

关于人员配置，在前文已有详细说明。其中的关键不在于人的数量，而在于所具有的能力。人才的培养内容和方式都很重要，最终目标是能为企业增加效益。同样的，一个合格的 BIM 人才培养方案，最终要能够为企业提供具有足够 BIM 技术能力的员工。这里不再赘述。

1. BIM 团队组建

BIM 团队的组建，参照前面说明的规章制度进行配备即可，建议不少于所推荐的人员数量。当人员数量超过一定标准时，可以适当带一些新学生进行培训与培养。不管是什么团队，在组建之前肯定是先考虑规章制度，无规矩不成方圆，所以 BIM 团队组建按照之前 BIM 团队的考核制度进行考核即可。

在组建 BIM 团队时，还可以适当考虑引进外部优秀人才，协助制定 BIM 团队的发展规划。

2. 组织结构分析

BIM 团队的决策层，首先应确定合适的 BIM 总监。由 BIM 总监来组建团队，负责 BIM 标准制定、战略规划及成果审定。在 BIM 总监以下，需有若干个 BIM 项目经理来统筹项目的实施落地、人员安排及成果复核。

BIM 团队的执行层，应由专业负责人及专业工程师组成。根据项目的具体要求，由项目经理确定各专业的负责人，负责各自专业的标准、进度、成果等，并对专业工程师的成果进行复核，确定成果质量。专业工程师主要根据项目的情况、需求等，根据已确认的 BIM 标准进行模型建立及成果输出，并根据后续变化及时变更相关成果。

BIM 团队的结构组成，应根据项目的具体情况，适当灵活配置。

3. 人员开发与培训

每年尽量组织 2 ~ 3 次培训，在培训前要准备好相关的文件，例如培训制度、签到表。每次培训都要安排考试以考核培训效果。考试分为两种方式，如果培训时间比较长，那么可以要求学员参加社会上统一组织的证书考试；或者就是内部出考试题目，根据提交的 BIM 成果进行评判。企业可以根据自己的情况，灵活选择合适的考核方式。

在制定培训课程时，可以划分出多个阶段性的学习目标，加强学习时的目的性，有利于学员的自查自纠。培训结束后，可以统计对各个学习目标的完成情况，以确认培训效果。

8.2.3 企业级 BIM 软硬件（平台）配置

1. 主流 BIM 平台级软件配置

BIM 软件的应用取决于项目 BIM 应用目标，在公司刚刚组建 BIM 团队时，一般采用基础 BIM 软件。BIM 软件种类繁多，不是每一种都适合当前的项目应用要求和环境。比如在操作者刚刚接触房建 BIM 时，我们需要首先了解对方的需求，如果是土建专业，那么就需要采用 Revit，如果是路桥那就需要 Civil 3D，然后再去探讨相关学习的路径与方法。同样，在后期如果涉及 BIM 技术路线，更加需要对每个 BIM 应用点，采用不同技术路线。这样主要是为了方便后期查错和推广。

查错主要是看该条技术路线是否能达到相应的要求，有些软件是无法达到相应的要求的，比如你要 Revit 出土石方量，这本就是一个错误的，无法实现这个功能，如果一定要说采用二次开发，那么为什么不把专业的数据交给专业的软件用呢，一定要在不合适的软件进行二次开发。这就犯了逻辑错误。

对于后期推广，有相应的技术路线，推广就变得较为容易了。推广时，不应以软件为单位进行推广，因为从一个软件划分到另外一个软件的方法存在弊端，应该进一步细化并更改为以软件功能来进行划分的方法，比如第一步利用某某软件的某功能创建三维模型，第二步利用某某软件的某功能进行分析，第三步利用某某软件的某功能进行整理数据等。后期推广技术路线示例如图 8-3 所示。

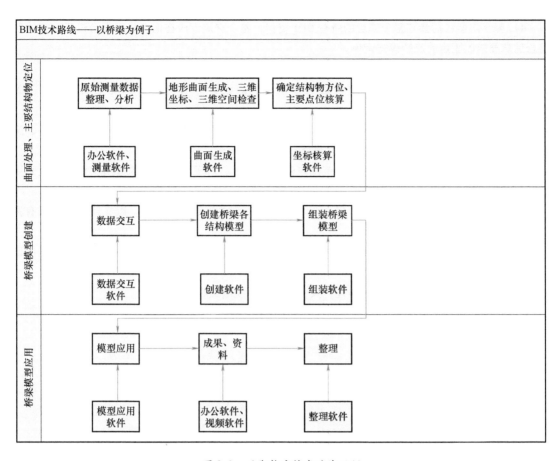

图 8-3　后期推广技术路线示例

2. 主流 BIM 平台级硬件配置

目前来说计算机配置成本也是阻碍 BIM 技术推广的一个原因，一方面是由于 BIM 应用目标不明确，那么买什么样的计算机更合适呢，这里没有一个统一的规范；另一方面，BIM 应用成本见效较慢，不是投入就有收获，所以这方面的考虑比较谨慎。

8.2.4　BIM 系统与既有信息系统对接

1. 系统整合的意义

将 BIM 中的信息流数据整合在一起，对提高工程项目管理水平及质量起着至关重要的作用。根据项目对各阶段的信息需求进行判断，结合 BIM 特点，将所有阶段及不同专业的模型整合在一起，从而对 BIM 在不同专业、不同施工阶段的问题进行综合分析。

2. 系统整合的内容

BIM 整合应根据专业等因素，整合不同元素种类的 BIM 数据，根据项目模型整合标准及有关标准来建立各项任务所需要的 BIM。数据整合前，应检查其正确性、协调性和一致性，检查内容如下：

1）数据已经通过审核及清理。

2）数据已经是经过相关负责人最终确认后的版本。

3）数据内容、格式符合整合互用标准及数据整合互用协议。

4）整合内容包括参与整个项目的所有 BIM 资料，整合交流都应在信息协同平台进行，并按照整合信息要求以固定的流转模式运作。

具体整合内容及要求包括：

① 业主方负责整理信息协同平台上的模型资料。设计方有责任根据规范要求提交 BIM 资料。

② 为保证兼容性的要求，在资料交换过程中，各参与方均应使用约定的相同版本的软件、文档类型及格式。为了信息的安全性，通常提交 pdf 文档。

③ 设计方有责任及时提交承包合同范围内的模型资料。对于需要更新的模型文件，需及时更新，并提交更新报告。

④ 提交的每一组模型资料应至少包含两项文件：模型文件和说明文档。以文件夹包覆所有需要提交的数据。

⑤ 所有提交的模型必须经过清理，删除所有外部参照链接和辅助建模用的其他文件，只保留合同约定的工作范围内的模型。

⑥ 模型中所有的视图必须经过整理，只保留默认的视图或视点。

⑦ 如果建模使用 Revit 系列软件，所有模型需清除未使用项（图 8-4）。

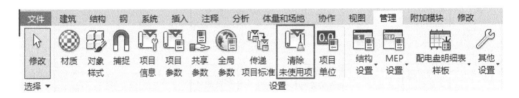

图 8-4　清除未使用项

与更新模型文件同时提交的说明文档中必须包含以下内容：

1）模型的原点坐标描述。

2）模型建立时所参照的图样类别、版本和相关的设计修改记录。

3）引用并以之作为参照的其他专业图或模型。

模型保存要求：

1）项目阶段性模型数据应进行定期保存并备份到共享文件夹。

2）项目人员应通过受控的权限访问共享文件夹的 BIM 项目数据。

3）应对 BIM 文件设置适当的备份数量。

4）应对 BIM 文件设置适当的备份时间间隔。

5）在保存文件时用户应打开"起始页"视图并关闭其他视图，以提高文件打开的效率。

6）构件库中的构件应该根据软件产品与版本分别存储于不同的文件夹中。当需要更新构件以用于新的产品版本中时，老版本构件应予以保留，新版本构件应保存在该版本的对应文件夹中。这样可避免出现"不兼容"现象。

各阶段都应进行局部的模型整合工作，包括从开工组织到项目竣工、产品说明、项目信息，一直到为数据库提供整合分类体系。这也是针对建筑工程施工领域，制定并作为整合分类的标准原则。为了建筑工程生命周期的信息化应用，有必要将建筑工程中所涉及的对象进行分类整合。划分依据建议见表 8-1。

表 8-1 划分依据建议

按功能分建筑物	建筑实体（按照功能或用户活动分类）
	建筑综合体（按照功能或用户活动分类）
	设施（建筑综合体、建筑实体和建筑空间按照功能或用户活动分类）
按形态分建筑物	建筑实体（按照形态分类）
按功能分建筑空间	建筑空间（按照功能或用户活动分类）
按形态分建筑空间	建筑空间（按照附件等级分类）
元素	基本要素（按照建筑实体的特别主导功能分类）
	设计原理（按照工作类型分类）
工作成果	工作成果（按照工作类型分类）
工程建设项目阶段	建筑实体生命周期阶段（按照阶段中各过程的所有特性分类）
	项目阶段（按照阶段中各过程的所有特性分类）
行为	管理过程（按照过程类型分类）
专业领域	施工代理（按照学科分类）
建筑产品	建筑产品（按照功能分类）
组织角色	施工代理人（按照限定条款分类）
工具	施工辅助（按照功能分类）
信息	建设信息（按照媒介类型分类）
材料	性能及特点（按照材料类型分类）
属性	性能及特点（按照材料类型分类）

建筑信息模型整合分类表代码应采用两位数字表示，单个分类表内各层级代码应采用两位数字表示，各代码之间用英文"."隔开。

全数字编码方式是目前国际上流行的编码方式。

分类对象的编码应按照以下规定执行：

1）分类对象编码由表编码、大类代码、中类代码、小类代码、细类代码组成，表编码与分类对象编码之间用"-"连接。

2）大类编码采用 6 位数字表示，前两位为大类代码，其余四位用零补齐。

3）中类编码采用 6 位数字表示，前两位为大类代码，加中类代码，后两位用零补齐。

4）小类编码采用 6 位数字表示，前四位为上位类代码，加小类代码。

5）细类编码采用 8 位数字表示，在小类编码后增加两位细类代码。

墙体材料编码示例见表 8-2。

表 8-2 墙体材料编码示例

编　　码	分类名（中文）	分类名（英文）
13-020000	墙体材料	Walling Material
13-021000	砖	Brick
13-021010	烧结砖	Fired Brick
13-02101010	普通砖	Common Brick
13-02101020	空心砖	Hollow Brick
13-02101030	多孔砖	Perforated Brick
13-021020	非烧结砖	Non-fired Brick
13-02102010	混凝土普通砖	Concrete Common Brick

类目和编码的扩展应按照以下规定执行：

1）建筑信息模型的分类方法和编码原则应符合《信息分类和编码的基本原则与方法》（GB/T 7027—2002）的规定。

2）建筑信息模型分类应符合科学性、系统性、可扩延性、兼容性、综合实用性等原则。

3）增加类目和编码，标准中已规定的类目和编码应保持不变。

4）增加各层级类目编码应按照相关标准规定执行。

5）增加的最高层级代码应在 90~99 之间编制。

条文说明：科学性是指应选取分类对象的本质属性或特征为分类依据进行分类，例如建筑实体与空间；系统性是指分类体系应是系统化，例如建筑产品的分类应具有较强的逻辑性并完整；可扩延性是指分类体系中应设置收容分类，方便后期应用时根据不同需要进行扩展应用；兼容性是指和现有其他标准相协调，例如《建设工程工程量清单计价规范》（GB 50500—2013）；综合实用性是指分类要从总体角度出发，在满足总要求和总目标的前提下，满足系统内相关单位的需求。

3. 整合顺序专业要求

（1）混凝土结构　混凝土结构的建模宜使用 Revit 系列软件，只需提供". rvt"文件；混凝土结构模型精度不得低于 LOD300，但模型中可以不包含钢筋工程；混凝土墙体、柱等跨楼层的结构，在建模时必须按层断开；混凝土结构模型单元上的开洞可使用编辑边界的形式绘制；混凝土结构模型的分段，在地上部分应按建筑功能区分段，地下部分应按楼层分段。

（2）钢结构　钢结构的建模宜使用 Revit 系列软件，在建模不便的情况下允许使用 Tekla Structure；使用 Tekla 建模的情况下，模型输出 dwg 格式和 IFC 格式；钢结构专业单位提供 dwg 和 IFC 模型的同时仍须提供 Tekla 模型；钢结构模型精度不得低于 LOD300。

钢结构分段：巨柱和角柱部分，按照深化设计的分段方式分段。

模型提交时：巨柱和角柱除桁架区部分，应单独作为一个模型文件发布。

普通楼层部分：普通楼层部分应一层一个模型文件，如果有层间连续结构（如跨层立柱），则归入最下层结构的模型文件中。

桁架区部分：项目每个功能区的桁架部分单独成为一个模型文件。

（3）幕墙体系　外幕墙体系建模应使用 Revit 系列软件，部分结构建模允许使用其他软件。使用其他软件建模时必须输出为 Navisworks 可兼容格式。模型中不必包含螺钉等细小构件，但主要构件必须与实际相符。外幕墙系统应按层分割模型文件，包括幕墙部分和钢支撑部分。

内幕墙体系建模应使用 Revit 系列软件。如果是使用 Rhinoceros 3D 建立的模型，需要导成 dwg 格式。内幕墙模型精度不得低于 LV. 3 + coninfo。模型中不必包含螺钉等细小构件，但主要构件必须与实际相符。内幕墙系统应按层分割模型文件。

（4）机电综合　机电管线系统建模使用 Revit MEP。提供模型时应同时提供 nwd 格式的模型，用于在 Navisworks 下的模型整合。

4. 整合结果

整合模型的开发以及该模型的管理和维护过程对整个 BIM 过程来说至关重要。针对项目交付生命周期中所有过程所需的信息制定了详细规范。这规范要求整合了项目建筑环境产业中的流程。整合后的项目生命周期中，整合数据可以根据需要提供信息的性质和时限供查询。为了进一步支持信息交换，整合后达到标准且可以交付，要求 100 级建模精细度（LOD100）建筑信息模型应支持投资估算，200 级建模精细度（LOD200）建筑信息模型应支持设计概算，300 级建模精细度（LOD300）建筑信息模型应支持施工图预算、工程量清单与招标控制价。

建筑工程信息模型协同应基于统一的信息共享和传递方式，应保证模型数据传递的准确性、完整性和有效性。模型数据传递必须基于统一的数据存储要求及模型数据要求。

数据传递的准确性是指数据在传递过程中不发生歧义，完整性是指数据在传递过程中不发生丢失，有效性是指数据在传递过程中不发生失效。为了保证数据传递的准确性、完整性和有效性，数据的存储及访问需要有统一的数据存储格式及信息语义标准，同时模型应符合规范规定的应包含的数据要求。

在满足需求的前提下，交付过程可采用对建筑信息模型远程网络访问的形式。

模型整合后，形成整合检查报告、漫游记录报告、净空检查结果、预留洞口检查结果等，形成书面模型整合纪要。纪要应包含问题类型、位置、说明及修改意见等内容。

BIM 整合成果最重要的是信息的数量和质量，这些信息以几何和非几何属性的形式存储在每个 BIM 构件之中。由于不同专业、不同时期的信息类型不同，BIM 构件的属性在不同的项目阶段也不相同，见表 8-3。

表 8-3　BIM 装修模型构件的几何属性

信息分类	几 何 信 息	技 术 信 息	产 品 信 息	建 造 信 息	维 保 信 息
信息内容（二维码形式）	模型实际尺寸、造型形体、位置、颜色、各详图、二维表达等	材料和材质、各技术参数等	供应商、产品型号、合格证、生产厂家、生产日期、价格	到货日期、安装日期、操作单位	使用年限、保修年限、维保频率、维修单位、维修人员、维修日期

注：在项目实际应用中，整合于当前工程项目模型，确定 BIM 构件的属性种类。

在整合模型中，墙体构件信息在不同精度情况下，BIM 的变化见表 8-4。

表 8-4　BIM 在不同的整合精度下的表示

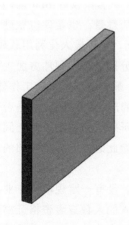

投标 BIM，需要构件几何信息

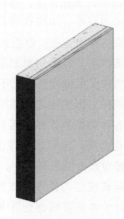

施工 BIM，需要较详细的构件信息，如木基层、保温层、饰面层等

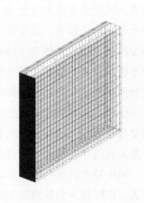

整合模型，需要更加详细的构件数据信息，如厂家信息、防火等级等

第 3 节　实施效果评估

建筑施工企业级 BIM 应用的评估标准应包括企业配置和项目应用情况。企业配置主要体现在组织架构、资金（专款专用）投入情况，软件和硬件的配置情况，人力资源配置情况，标准制定情况，培训力度和频率，是否有研究课题等。而项目应用情况则着重关注项目应用力度、应用 BIM 技术的项目占比、现场人员的参与度、应用的深度和广度等。

8.3.1　施工企业 BIM 专业部门的配置情况

施工企业对 BIM 技术的实施应引起足够的重视，组织架构应合理完善。施工企业负责人层级应有专人负责 BIM 技术的应用与监督，直接指挥和监督 BIM 部门；BIM 部门应单独设立，或者由技术中心和信息中心合并成立，该部门应由负责人全职领导；部门下设专业分组，可以按照专业分，也可以按功能分，每个小组应由组长负责，下设组员。评价标准应按层级设置的级别和级数来评定，级数越多说明越成功，应用越成熟，分工越精确；级别越高说明企业的重视程度越高。没有分组的 BIM 部门是最初级的形态。

施工企业应当为推行 BIM 技术制定相关的制度，编制发展规划。评价内容包括企业领导对 BIM 技术推广和应用的支持力度，所应用的规章制度，企业 BIM 技术质量管理体系、行政审批管理体系、财务支付管理体系、教育培训管理体系、任务分配管理体系等，企业用于开展 BIM 业务的协同平台应用体系。同时考察企业是否制定了其他中长期规划，例如 BIM 战略性规划、BIM 技术应用与发展规划，为远期发展设定了科学合理的目标，对国家重点建设领域的技术进行探索研究，推动企业 BIM 构件库标准化建设等。

一个企业对某件事的资金投入情况直接反映了该企业对这件事情的重视程度。评价标准可以通过该企业对 BIM 技术的资金投入来初步评估，没有专项资金投入的企业很难将 BIM 技术真正用于项目的实施。

资金的投入能够证明企业对 BIM 技术的重视程度，而软件和硬件的配置则反映 BIM 部门相关负责人的认真态度和专业水准。在评价过程中，不应仅评价资金投入的数量，也要评价软硬件配置的数量和合理性，是否和当前的组织结构相适应，是否还有优化空间，能否最大化利用软硬件，减少闲置，这些都体现了该部门的真实水平。评价可针对硬件和软件分别进行，硬件方面主要考虑是否根据各个组的工作内容和使用的软件系统分别考虑不同的配置。配置过低则影响工作效率，更新周期短；配置过高则形成浪费。软件方面主要考虑该部门所采购的产品针对该行业是否有明显的优势，各种软件搭配是否合理，各种功能的软件是否配置齐全，所采购的多款软件之间的数据交换是否顺畅，软件的价格档次是否合理，这些都是评价的因素。除此之外，各项目部的软硬件投入是否由企业统一安排或专人监督也是评价因素之一。

BIM 技术的推行离不开软硬件，而软硬件的操作与维护离不开人，没有一定规模的专业人员投入，BIM 技术的实施则无从谈起。评价体系可根据企业 BIM 部门投入的人数或者资格证书的数量来进行评价，同时还应考虑各个专业和功能的岗位是否配置合理，如渲染的人员、动画的人员是否专人负责，是否具备一定的专业能力，以及持证人员的数量和证书等级。

施工企业 BIM 技术实施到了一定层次后，需要对本企业的 BIM 技术流程和各种标准进行梳理，形成规范性文件，以备新入职人员培训使用，同时作为企业的实施标准和验收标准、评价标准。对施工企业的 BIM 技术应用进行评价时需要考虑标准制定这一因素，评价内容应包括标准的实用性、创新性、体系完备性。体系是否完备不是看标准的数量，而主要考察是否合理和完善。如 BIM 技术的标准化操作规程、各专业 BIM 建模标准、BIM 成果交付标准、BIM 出图标准、BIM 现场应用标准等。同时对于企业在推动 BIM 技术发展的过程中，是否主编或参编过国家标准、行业标准或地方 BIM 标准，是否主编或参编 BIM 技术配套教材，是否获得过省级以上 BIM 比赛奖项，是否在各级 BIM 比赛中担任评委，是否主持过一些重点项目 BIM 技术应用，是否在 BIM 行业有突出贡献等因素，设置对应的加分机制。

BIM 技术的应用除了依靠企业的 BIM 部门这个核心团队以外，要想真正地落地则需要企业各个部门的人员都进行相应的升级，在各项工作中进行配合与协同；同时各个项目部的 BIM 相关工作的落实与应用也必须由专业人员去执行。这样就需要企业的 BIM 部门拥有一支专业的培训团队，负责企业 BIM 部门的知识更新与升级、项目驻场人员的培训、企业其他部门人员的知识更新培训等工作。施工企业 BIM 实施评价内容应考虑培训力量的来源，企业是否有专业的培训团队或者委托长期的合作团队来执行培训任务，培训力度（即深度和广度）如何，培训内容的强度是否合理，是否有针对各级岗位分别制定的培训内容，培训周期的长短，以及考核机制是否健全，以上内容都在评价范围之内。

企业在战略发展层面还应考虑 BIM 技术的长期发展和对未来的展望，如果企业 BIM 部门机制老旧、技术落后，就会对今后的发展产生限制。当下信息技术的迅猛发展使得技术更新成为一个不可逃避的热门话题。而且 BIM 技术涉及的内容和范围较广，发展前景不可限量，所以很多有实力的施工企业都会有专门的人员从事一些课题研究，这些课题的研究成果将对企业的发展起到举足轻重的作用。所以，施工企业 BIM 部门有专业研究课题的，如果有立项材料和一定的奖励规则，可以在 BIM 技术实施评价时予以适当的加分。

8.3.2　项目应用情况及应用力度

应用 BIM 技术的项目占比是衡量施工企业 BIM 应用的真实体现，评价时重点考察施工企业获得建筑领域的各种奖项及荣誉，如国家级、省级行业领域各级 BIM 大赛参赛获奖情况。

针对每个项目的特点单独制定 BIM 技术方案，制定项目上应用 BIM 技术的目标，根据项目需求制定项目标准、实施计划，以及其他基础资料的处理，如问题报告、例会制度、进度计划等。评价时重点考察 BIM 技术应用点落地性、实用性，以及最终反馈的效果，项目总结文件以 PPT 及视频或其他总结性文件的形式，分析该项目 BIM 技术应用取得的成果与效益。除此之外还应重点考察企业制定的标准是否在项目上落到实处。

考察现场人员的参与度，评价时重点考察项目成员的持证情况，以及项目实施的管理人员组织架构与管理机制等情况。

考察项目应用的深度和广度，评价时重点考察现场工作团队的软硬件配置参数及平台的使用情况，模型的精细程度是否符合实际工程项目应用的要求且各专业模型齐全，物理、几何信息的完整度及上下游数据传输的情况。

第 4 节　知识、标准体系维护与管理

8.4.1　BIM 成果交付要求

1. 交付成果

（1）交付成果的定义　交付成果，有时又称为交付物或可交付成果（Deliverables），是项目管

理中的阶段或最终交付物，是达成项目阶段或最终目标而完成的产品或服务。

（2）BIM 交付成果　BIM 交付成果是工程交付成果中的一部分，主要是指运用 BIM 技术协助项目实施与管理，由责任方向业主或雇主交付的基于 BIM 模型的成果，包括但不限于各阶段信息模型（原始模型或经产权保护处理后的模型）、基于信息模型形成的各类视图、分析表格、说明文件、辅助多媒体文件等。

（3）交付目标场景

1）在各个阶段满足整个项目各阶段的要求，例如：运维要求、竣工要求及其他，并以商业合同为依据生成的 BIM 交付物。

2）满足审批管理要求，可以形成能够满足审批条件的 BIM 交付物。

3）满足各阶段管理要求的 BIM 交付物。

（4）成果形式　BIM 应用交付成果的形式主要为模型成果以及模型附属成果，包括：不同阶段的工程信息模型，基于工程信息模型的分析模型，基于工程信息模型生成的模型视图、图样视图、漫游视频，以及基于工程信息模型生成的量化统计表格等。

BIM 应用成果包括过程成果及最终成果。

BIM 应用过程成果：提交各阶段 BIM 模型以及相关资料成果，包括深化图（如钢结构深化加工图），复杂节点模型、3D 大样图，施工方案模拟资料（包括方案模型、方案模拟演示动画或视频）。对于各专业内、不同专业间的碰撞检查，提交检查报告和优化建议。对于设计变更，提交变更模型，变更前后对比资料及相关信息。

BIM 应用最终成果：收集整理所有项目信息模型，刻盘交付业主。最终信息模型包括产品、构件、材料以及建造信息，产品信息如专业分包各设备规格、型号、生产厂家、生产日期、相关设备参数等；构件信息如主体梁、板、柱等的几何尺寸、混凝土强度等级、工程量等；材料信息如规格、型号等；建造信息如施工流水段划分情况、建造日期等信息。

2. 总体要求

1）项目各参与方应根据合同约定的 BIM 内容，按节点要求及时提交成果，并保证交付成果符合相关合同范围及标准要求。

2）项目各参与方在提交 BIM 成果时，参与方 BIM 负责人应将 BIM 成果交付函件、签收单、BIM 成果文件一并提交 BIM 总协调方。

3）项目各参与方在项目 BIM 实施过程中提交的所有成果，应接受 BIM 总协调方的管理与监督。

4）应保证 BIM 模型交付准确性。BIM 模型交付准确性是指模型和模型构件的形状和尺寸以及模型构件之间的位置关系准确无误，相关属性信息也应保证准确。设计单位在模型交付前应对模型进行检查，确保模型准确反映真实的工程状态。

5）交付的 BIM 模型几何信息和非几何信息应有效传递。

6）交付的 BIM 模型应满足各专业模型等级深度。

7）交付物中 BIM 模型和与之对应的信息表格和相关文件，具有相同的表达内容深度。

8）交付物中的图样和信息表格宜由 BIM 模型生成。交付物中的图样、表格、文档和动画等应尽可能利用 BIM 模型直接生成，充分发挥 BIM 模型在交付过程中的作用和价值。

9）交付物中的信息表格内容应与 BIM 模型中的信息一致。交付物中的各类信息表格，如工程统计表等，应根据 BIM 模型中的信息来生成，并能转化成为通用的文件格式以便后续使用。

10）在满足项目需求的前提下，宜采用较低的建模精细度，能满足工程量计算、施工深化等BIM 应用要求。

8. 4. 2 BIM 交付流程

1. 基本流程

以施工总承包模式为例，工程总承包方负责组织协调业主方、各分包方、运维方和其他 BIM 相关方的成果交付工作。工程各参与方应根据合同约定的 BIM 成果交付标准，按时间节点要求提交成果。

1）工程项目合同中应对 BIM 成果交付标准进行约定，BIM 总协调方应向各参与方进行 BIM 任务交底，明确本项目 BIM 实施的目标及成果交付要求。

2）各分包方根据合同要求，整理交付内容，提出交付申请。进行 BIM 成果共享或交付前，项目 BIM 负责人应对 BIM 成果进行检查确认，保证其符合合同约定的要求。

3）总承包方组织协调业主方、运维方等，与各分包方实施交付。BIM 总承包方应协助业主对各参与方提交共享或交付的模型成果及 BIM 应用成果进行检查确认，确保其符合相关标准和规定。

4）业主方、运维方核查交付内容，直至满足要求。

BIM 成果交付需要满足基本的流程，在没有其他参与方介入的情况下，可以遵循基础的流程进行交付，每个审核环节均需要相关审核单位的负责人确认后流程才能继续往下一步审核流转。审核流程如图 8-5 所示。

2. 成果审查

（1）内部检查 为保证 BIM 模型符合项目管控要求，符合 BIM 相关技术标准的要求，各分包方或相关模型建立单位应在模型创建后、成果提交前组织各专业对 BIM 模型进行内部质量审核，在模型检查过程中，应考虑以下几方面的检查内容：

1）模型完整性检查：指 BIM 模型中所应包含的模型、构件等内容是否完整，BIM 模型所包含的内容及深度是否符合交付等级要求。包括专业涵盖是否全面；专业内模型装配后各系统是否完整，层之间有无错位、错层、缺失的现象发生；全部专业模型装配后，空间定位关系是否正确。

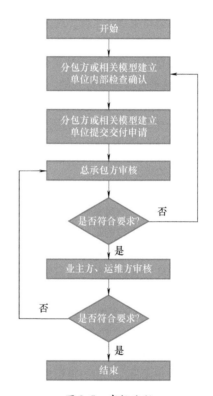

图 8-5　审核流程

2）建模规范性检查：指 BIM 模型是否符合建模规范，如 BIM 模型的建模方法是否合理，模型构件及参数间的关联性是否正确，模型构件间的空间关系是否正确，语义属性信息是否完整，交付格式及版本是否正确等。主要包括模型命名规范性检查；系统代码应用规范性检查；专业代码应用和规范性检查；楼层代码应用规范性检查；常规建模操作规范性检查；技术措施建模规范性检查。

3）设计指标、规范检查：指 BIM 模型中的具体设计内容、设计参数是否符合项目设计要求，是否符合国家和行业主管部门有关建筑设计的规范和条例，如 BIM 模型及构件的几何尺寸、空间位置、类型规格等是否符合合同及规范要求。

4）模型协调性检查：指 BIM 模型中模型及构件是否具有良好的协调关系，如专业内部及专业间模型是否存在直接的冲突，安全空间、操作空间是否合理等。

5）图模一致性检查：在模型中建立平面视图进行切图，与原设计图进行比较，核查模型与原设计图的一致性以及构件信息是否符合设计要求。

6）竣工信息完整性检查：包括竣工材料、尺寸、生产厂家、保质期等。

模型成果提交后，交由第三方进行审核，并编制审核报告。

（2）外部审查　BIM 总协调方应协助业主对各参与方提交共享或交付的模型成果及 BIM 应用成果进行检查确认，保证其符合相关标准和规定。

审查结果处理：

1）审查结果意见。审查人应将最终的检查结果意见形成规范的格式文件，并通过截图形式辅助说明 BIM 成果中存在的问题，且应准确描述问题所在的部位。

2）审查结果提交工作。应由 BIM 总协调方提交 BIM 成果审查报告，应转换成规定的文件格式，同时抄送给各参与方。

3）模型（成果）等审核文件，应该作为该项目的成果文件进行存档，由 BIM 总协调方整理保存，上传至项目管理平台归档。应建立中央资源文件夹，以保存企业共享数据。对于每个项目，应建立项目文件夹，以保存项目本身的数据。

应在一系列子文件夹中分别保存各个模型元素的 BIM 数据。所有项目数据均应采取标准的项目文件夹结构，保存在中央网络服务器上（或适当的文档管理系统中）。

3. 模型交付

需交付的 BIM 成果包括以下内容：

1）经过清理的可编辑模型文件。

2）按专业整合的链接模型文件。

3）轻量化模型文件。

4）BIM 相关的设计蓝图问题反馈、方案图及质监站要求的 BIM 成效档案。

5）项目 BIM 产品库文件。

以上 BIM 成果均为电子版，需要通过光盘、U 盘等存储介质提交。在光盘、U 盘中 BIM 成果应具有清晰明确的文档存储结构。

（1）模型成果清理要求

1）清理无用、冗余的模型族及信息。

2）清理导入、链接的作为建模参考的 CAD 图。

3）清理无用的视口、明细表、图例、图样等。

4）清理无用、冗余的项目共享参数。

5）清理无用的链接模型、视图等。

6）清理无用的视图样板、标注样式、过滤器设置等。

（2）模型轻量化　模型成果完成并提交时，需同时转为 Navisworks 格式的轻量化模型。格式化的轻量化模型，应在进行模型清理之后再进行转换，并且其文件名称、结构与 Revit 模型文件一致。建议不要使用未约定的软件进行轻量化转换。

（3）交付成果数据格式

1）以商业合同为依据形成的设计交付物数据格式。BIM 模型的交付目的主要是作为完整的数据资源，供建筑全生命期的不同阶段使用。为保证数据的完整性，应保持原有的数据格式，尽量避免数据转换造成的数据损失，可采用 BIM 建模软件的专有数据格式（如 Autodesk Revit 的

RVT、RFT 等格式）。同时，在设计交付中便于浏览、查询、综合应用中，也应考虑提供其他几种通用的、轻量化的数据格式（如 NWD、IFC、DWF 等）。

基于 BIM 模型所产生的其他各应用类型的交付物，一般都是最终的交付成果，强调数据格式的通用性，建议这类交付成果可提供标准的数据格式（如 PDF、DWF、AVI、WMV、FLV 等）。

2）以政府审批报件为依据形成的设计交付物数据格式。这类设计交付物，主要用于政府行政管理部门对具体工程项目设计数据的审查和存档，应更多考虑其数据格式的通用性及轻量化要求。对于 BIM 模型及基于 BIM 模型的其他各类应用的交付物，建议提供标准的数据格式（如 IFC、DWF、PDF、DWF、AVI、WMV、FLV 等）。

3）以企业内部管理要求为依据形成的设计交付物数据格式。企业内部交付的 BIM 模型，主要用于具体工程项目最终交付数据的审查和存档，以及通过项目形成标准模型、标准构件等具有重用价值的企业模型资源。

对于项目最终交付审查、存档的 BIM 模型，应保持与商业合同要求相同的交付格式。

对于企业内部要求提交的模型资源的交付格式，重点考虑模型的可重用价值，可选择的范围有：所使用 BIM 建模软件的专有数据格式、企业主流 BIM 软件专有数据格式以及可供浏览查询的通用轻量化数据格式。

基于 BIM 模型各类应用的交付物，主要用于具体工程项目最终交付数据的存档备查。

项目应提供装修工程 BIM 成果的原始模型文件格式，同类型文件格式应使用统一的软件版本。常用的模型成果文件格式可参考表 8-5，也可以根据合约，采用通用格式，如 IFC。

工程 BIM 成果交付应提供原始模型文件格式，对于同类文件格式应使用统一的版本，常用成果文件数据格式见表 8-5。

表 8-5　成果文件数据格式

序号	内　容	软　件	交付格式	备　注
1	模型成果文件	ArchiCAD	＊.dwg	依据所采用的 BIM 软件格式
		Autodesk Revit	＊.rvt	
		Catia	＊.stp/＊.igs	
		Tekla	＊.db1/＊.db2	
2	浏览文件	Navisworks	＊.nwd	
		Bentley	＊.dgn	
		3dxml	＊.3dxml	
3	视频文件	Audio Video Interactive	＊.avi	原始分辨率不小于 800×600，帧率不少于 15 帧/s，时间长度应能够准确表达所需的内容
		Windows Media Video	＊.wmv	
		Moving Picture Experts Group	＊.mpeg	
4	图片文件	Potoshop、CAD	＊.jpeg	分辨率不小于 1280×720
			＊.png	
5	办公文件	Office	＊.doc/＊.docx	
			＊.xls/＊.xlsx	
			＊.ppt/＊.pptx	
		Adobe	＊.pdf	

8.4.3 企业 BIM 知识体系

1. BIM 相关人员

人才是企业的核心，维护 BIM 相关系统的运行，保障制度的建设和贯彻，需要专门的人才负责相关工作的实施和运行，保障相关的其他体系的维护，他们需要不断地从行业中获取信息资源，不断提升企业的 BIM 实施能力。

2. 标准和制度

随着企业 BIM 相关应用的实施和发展，企业 BIM 相关的规章制度也在不断完善，流程不断优化，以适应外部需求的改变。因此，企业 BIM 相关的标准与制度需要不断完善与更新。

3. 软硬件平台

企业软硬件平台决定了 BIM 实施的顺利程度，随着项目需求的多样化和复杂化，软硬件更新较传统的 2D 业务模型更为频繁，作为管理者应建立维护制度，合理安排更新，确保企业不同作业点 BIM 实施环境的统一。

4. 企业 BIM 构件库

企业 BIM 构件库是企业 BIM 知识体系的重要组成部分，包含企业积累的构件信息，与构件关联的数据库、表单等。

企业 BIM 构件库的维护重点在于族库的建立和维护。如按照软件版本的更新批量定期升级，按照 BIM 实施的便利性需求进行结构化的管理和分享；有条件的企业应对构件库进行年度或半年度的升级维护等。

8.4.4 企业 BIM 知识体系的共享机制

企业要实现对 BIM 模型资源的有效利用，必须对这些 BIM 模型资源建立集中的 BIM 模型资源库，并进行统一的、规范化的管理及维护。建立好 BIM 模型资源库，一方面可以提高设计效率，避免不同设计者的重复劳动，缩短设计周期；另一方面也可以提高设计的标准化程度，提高构件的管理和采购效率，提高设计质量，减少错误发生率。

纳入企业 BIM 模型资源库管理对象，一般应相对成熟、固定，应有专门的部门或人员负责创建和维护，设计人员能检索、查阅后直接调用。

企业的 BIM 模型资源应在企业内部各个分公司或企业所属的集团公司进行推广和统一，尽量在广域网平台上分享和维护，以满足远程提交、检索、下载的要求。

第 5 节　施工 BIM 企业标准

在企业实施 BIM 技术之前，应该先确定 BIM 相关的企业标准，如建模标准、审核标准、交付标准、软件应用标准等。理想情况下，使用更综合的标准，如涉及建造和项目集成交付的 IPD 标准可以为企业带来更好的交付成果，但并不是所有的企业都可以采用集成交付的方法。此外，需要注意一点，在选择和制定标准时，需要充分考虑项目各参与方的 BIM 应用情况，也需要考虑哪些 BIM 应用步骤是必要的，以确保 BIM 实施规划可以成功落地。

8.5.1 企业 BIM 标准

1. 建模规定

（1）轴网与标高定位基础规则

1）项目长度单位为毫米。

2）使用相对标高，±0.000 即为坐标原点的 Z 轴坐标值；建筑、结构和机电使用自己相应的相对标高。

3）为所有 BIM 数据定义统一的坐标系。建筑、结构和机电统一采用一个轴网文件，保证模型整合时能够对齐、对正。

（2）模型依据

1）以建设单位提供的通过审查的有效图样为数据来源进行建模。

① 图样等设计文件。

② 总进度计划。

③ 当地规范和标准。

④ 其他特定要求。

2）根据设计文件参照的国家规范和标准图集为数据源进行建模。

3）根据设计变更为数据来源进行模型更新。

① 设计变更单、变更图等变更文件。

② 当地规范和标准。

③ 其他特定要求。

（3）模型拆分规定

1）建筑专业。

① 按建筑分区。

② 按楼号。

③ 按施工缝划分。

④ 按单个楼层或一组楼层。

⑤ 按建筑构件，如外墙、屋顶、楼梯、楼板。

2）结构专业。

① 按分区。

② 按楼号。

③ 按施工缝。

④ 按单个楼层或一组楼层。

⑤ 按建筑构件，如外墙、屋顶、楼梯、楼板。

3）暖通专业、电气专业、给排水专业及其他设备专业。

① 按分区。

② 按楼号。

③ 按单个楼层或一组楼层。

④ 按系统、子系统。

2. 建模及综合管线注意要点

（1）BIM 建模管控要点　在满足建模精度标准要求和模型规划要求的前提下，在建模过程中应着重注意以下几点：

1）建筑专业建模：要求楼梯间、电梯间、管井、楼梯、配电间、空调机房、泵房、换热站管廊尺寸、天花板高度等定位须准确。

2）结构专业建模：要求梁、板、柱的截面尺寸与定位尺寸须与设计图一致；管廊内梁底标高需要与设计要求一致，如遇到管线穿梁需要设计方给出详细的配筋图，BIM 做出管线穿梁的节点。

3）给排水专业建模要求：各系统的命名须与设计图保持一致；一些需要表现出坡度的水管须按设计图要求建出坡度；系统中的各类阀门须按设计图中的位置加入；有保温层的管线，须建出保温层。

4）暖通专业建模要求：各系统的命名须与设计图一致；影响管线综合的一些设备、末端须按设计图要求建出，例如风机盘管、风口等；暖通水系统建模要求同给排水专业建模要求一致；有保温层的管线，须建出保温层。

5）电气专业建模要求：各系统名称须与设计图一致。

（2）管线综合管控要点

1）管线综合应在建筑扩大初步设计完成时开始，同步于建筑施工图完成。

2）建筑扩大初步设计完成后，应请 BIM 咨询单位对土建模型进行先期建模，核查主要空间关系及冲突，并反馈给设计单位，根据三维情况调整二维图。

3）施工图阶段管线综合过程中，设计单位、BIM 咨询单位应密切协作，以共同使用 BIM 模型的工作方式进行。设计单位应根据最终 BIM 模型所反映的三维情况，调整二维图。

4）施工专业深化阶段 BIM 管线综合应在设计阶段成果的基础上进行，并加入相关专业深化的管线模型，对有矛盾的部位进行优化和调整。专业深化设计单位应根据最终深化的 BIM 模型所反映的三维情况，调整二维图。

5）管线综合过程中，如发现某一系统普遍存在影响管线综合的因素，应提交设计单位做全系统设计复查。

8.5.2 施工 BIM 标准

目前 BIM 深化设计处于起步阶段，深化单位普遍缺乏施工经验，相关标准对综合管线排布无实质性要求，为有利于施工，提高 BIM 综合排布合理性，提升深化设计准确性，企业应制定具体的 BIM 施工细则指导实施。

1）避让基本原则：小管让大管，有压管让无压管，冷水管让热水管，给水管道让空调供回水管，金属管避让非金属管，临时性的管线让永久性的管线，造价少的管线让造价多的管线，数量少的管线让数量多的管线。

2）避让优先顺序：一般情况下，无压管 > 空调供回水管 > 风管 > 桥架 > 有压管道。

3）BIM 深化前应完成：管道井、强弱电井二次深化；水务图纸审查并设计修改完成；电力局方案审查和受电图纸审查设计修改完成。

4）在满足净高的前提下，管道和桥架尽量分层设置，以免各管线因交叉过多而频繁上下翻。建议喷淋支管贴梁底，强弱电桥架在喷淋支管下敷设；喷淋、消火栓、给水等主管在桥架下敷设或与桥架同标高共用支架敷设。

5）因风管为主要影响标高因素，宜贴梁底安装，可不与其他管线共用综合支架，局部风管在保证其截面积不变的情况下，可以调整风管高度。

6）两个轴线之间管线宜采用共用支架，两个轴线之外管线不建议采用共用支架。

7）强弱电桥架不得平行敷设于给水主管下方，可交叉敷设在给水支管下方。

8）地下车库冲洗管道和人防给水小管道，根据实际情况不必刻意采用共用支架。但图样中设计位置和其他管道并排走的，尽量采用共用支架安装。

9）高压桥架和充电桩桥架末端（车位上方）宜单独排布。

10）吊装灯具需在综合排布中体现，位置及高度需保持直线及不影响光照。

11）特种阀门（如减压阀、遥控浮球阀、湿式报警阀、止回阀等）应按厂家样本提供尺寸预留足够空间。

12）在进行综合排布时，不同功能管线应分类排布，同功能管道按管径大小顺序排布，不应混合排布。

13）上下翻管道与桥架，净空间距不宜过大，建议按 100mm 设置，但不得影响管线的检修和附件操作。在管道翻弯时，应尽量避免沟槽件之间用短管连接的形式。

14）并列桥架三通、四通布置需考虑施工可行性。

15）综合管架长度 2000mm 以上，中间增加加固用吊架，采用相同型号槽钢，槽钢位置需满足管箍安装空间要求。

16）管线应垂直穿越墙体。

17）管线交叉应尽量采用上翻，其中给水管道上下翻宜采用 90°弯头，桥架上下翻角度不宜大于 30°。

18）管线转弯处应保持排列顺序一致，不得在转弯处交叉上下翻。

19）不同功能、用途管线应采用不同图层，以便在深化图中更直观地体现出不同管线的软硬碰撞。

20）生活泵房、消防泵房作为主要的验收场所，综合排布需重点关注。消火栓、喷淋水泵出水管的水平管道宜在同一标高，湿式报警阀间距及阀前、阀后管道应均匀排布并设置共用支架。

21）施工单位技术负责人作为主要责任人，应对图样成果质量负责，并与 BIM 深化单位有效沟通。

8.5.3 成果交付标准

1. 建筑专业

建筑专业交付要求见表 8-6。

表 8-6 建筑专业交付要求

建 筑 专 业	建模精度要求
场地	几何信息（形状、位置等）
墙	几何信息（模型实体尺寸、形状、位置和颜色等）
建筑柱	几何信息（模型实体尺寸、形状、位置和颜色等）
门窗	几何信息（形状、位置等）
屋顶	几何信息（悬挑、厚度、坡度）
楼板	几何信息（坡度、厚度、材质）
天花板	几何信息（模型实体尺寸、形状、位置和颜色等）
楼梯（含坡道、台阶）	几何信息（形状）
电梯（直梯）	几何信息（电梯门，带简单二维符号表示）
家具	无

2. 结构专业

结构专业交付要求见表8-7。

表8-7 结构专业交付要求

结 构 专 业	建模精度要求
主体混凝土结构	
板	非几何信息（混凝土强度等级等）
梁	非几何信息（混凝土强度等级等）
柱	非几何信息（混凝土强度等级等）
梁柱节点	不表示
墙	非几何信息（混凝土强度等级等）
预埋及吊环	不表示
地基基础结构	
基础	非几何信息（混凝土强度等级等）
基坑工程	几何信息（基坑长、宽、高表面）

3. 给排水专业

给排水专业交付要求见表8-8。

表8-8 给排水专业交付要求

给排水专业	建模精度要求
管道	几何信息（管道类型、管径、主管标高、支管标高）
阀门	几何信息（阀门位置、尺寸）、非几何信息（公称直径、压力等级、材质、生产厂家等）
附件	几何信息（附件位置、尺寸）、非几何信息（规格、参数、材质、生产厂家等）
仪表	几何信息（仪表位置、安装方向）、非几何信息（压力等级、生产厂家等）
卫生器具	几何信息（模型实体尺寸、位置、颜色和形状）、非几何信息（规格、参数、生产厂家等）
设备	几何信息（模型实体尺寸、位置、颜色和形状）、非几何信息（规格、参数、生产厂家等）
支吊架	几何信息（材料的构件尺寸、标高）

4. 暖通专业

暖通专业交付要求见表8-9。

表8-9 暖通专业交付要求

暖 通 专 业	建模精度要求
暖通风系统	
风管道	几何信息（按系统绘制主管线，添加不同的颜色，轴线位置，高程等）、非几何信息（规格、参数等）

（续）

暖 通 专 业	建模精度要求
管件	几何信息（管件形状、位置、尺寸、接口位置等）、非几何信息（规格、参数、材质、生产厂家等）
附件	几何信息（附件形状、位置、尺寸、接口位置等）、非几何信息（规格、参数、生产厂家等）
末端	几何信息（末端形状、位置、尺寸、接口位置等）、非几何信息（规格、参数、生产厂家等）
阀门	几何信息（阀门位置、尺寸等）、非几何信息（公称直径、压力等级、材质、生产厂家等）
机械设备	几何信息（模型实体尺寸、位置、颜色和形状、接口位置等）、非几何信息（规格、参数、生产厂家等）
暖通水系统	
水管道	几何信息（按系统绘制主管线，添加不同的颜色，轴线位置，高程等）、非几何信息（规格、参数等）
管件	几何信息（管件形状、位置、尺寸、接口位置等）、非几何信息（规格、参数、材质、生产厂家等）
附件	几何信息（附件形状、位置、尺寸、接口位置等）、非几何信息（规格、参数、生产厂家等）
阀门	几何信息（阀门位置、尺寸等）、非几何信息（公称直径、压力等级、材质、生产厂家等）
机械设备	几何信息（模型实体尺寸、位置、颜色和形状、接口位置等）、非几何信息（规格、参数、生产厂家等）
仪表	几何信息（仪表位置、安装方向）、非几何信息（压力等级、生产厂家等）
支吊架	几何信息（材料的构件尺寸、标高）

5. 电气专业

电气专业交付要求见表 8-10。

表 8-10　电气专业交付要求

电 气 专 业	建模精度要求
设备	几何信息（基本族）
母线桥架线槽	几何信息（基本路由）
管路	不建模
支吊架	几何信息（材料的构件尺寸、标高）

8.5.4 BIM 软件规定

1. 建模软件要求

施工企业应规定 BIM 深化设计的软件使用范围、交付格式、模型转换标准等，确保各参与方使用同一标准，才能使 BIM 成果真正得以协同应用。建筑项目的土建、结构和机电各专业 BIM 建模软件建议选用 Autodesk 系列软件，钢结构建模软件建议选用 TEKLA 软件，或其他支持 Industry Foundation Classes（IFC）4 以上的建模软件。

2. 模型整合软件要求

BIM 模型整合软件选用 Autodesk 公司的 Navisworks 或 Revit 软件。

3. 其他 BIM 软件要求

各专业参建单位如采用其他软件建模的，在提交模型时，必须将其他软件构建的模型转换格式以 ＊. rvt 格式提交，补充构件信息至完整并保证该模型能够被 Revit 系列及 Navisworks 软件正确读取。

第五部分　运营方的企业级 BIM

运用 BIM 技术与运营维护管理系统相结合，即在具体实施环境中利用物联网、云计算技术将 BIM 模型、运维系统与移动终端等结合起来，最终实现设备运行管理、能源管理、安保系统、租户管理等。

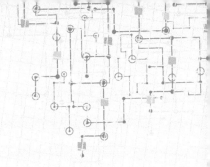

第9章 运营方的 BIM 应用规划与调研

第1节 企业中长期 BIM 规划

9.1.1 运维 BIM 行业背景

BIM 在项目的设计和施工阶段的技术应用已经逐渐成熟，但在项目的运维阶段，BIM 技术的应用还比较少。从整个建筑全生命周期来看，相比较设计、施工的周期，运维阶段往往需要更多的时间和精力，且运维阶段需要处理的数据量巨大且凌乱。如果没有一个好的运维管理平台协调处理这些数据，可能会导致某些关键数据不能及时、方便、有效地被检索，自然就不能针对这些基础数据进行深层次的数据挖掘、分析和决策。

运维阶段的 BIM 应用价值更加明显，实施困难也更大。因为运维往往周期更长，涉及参与方更多更杂，国内外可借鉴的项目又极少，没有相应的指导性规范，没有成体系的匹配型人才，没有明确的责权利细分规则，没有市场角色定位，更没有相关的市场运营机制。

9.1.2 医院类企业 BIM 运维实施规划

1. 医院类 BIM 运维应用需求分析

人力资源方面：目前医院后勤管理普遍使用外包团队，人员流动率大，责任制有待完善且水平参差不齐。

管理技术方面：楼宇自动（BA）系统、消防控制系统、视频监控系统等现有运维管理信息系统相对独立，各个系统之间存在信息壁垒，缺乏与建筑本体信息集成。

运营管理模式：主要以出现问题、应急处理的被动模式为主。

2. 规划

由基建工程部成立自己的运维 BIM 小组，其中人力资源可外聘 BIM 运维公司，也可自己招募，并由 BIM 运维公司提供培训。

实现视频监控系统、BA 系统、医用气体监控系统、污水处理监控系统、机房环控系统、人脸识别系统等运维信息系统预留接口的接入。

需要开发平台达到能将海量异构的建筑静态和动态信息整合在一起，形成建筑全生命期大数据。

医院类建筑运维阶段必须引入 BIM、物联网、人工智能、人脸识别等，实现三维可视化、集成

化空间运维、报修服务管理、安防管理，以及主动式设备管理和能耗管理，实现当有应急事件发生时，运维管理人员直接在应急指挥中心应用 BIM 运维系统进行应急指挥和决策等。

9.1.3　地产类建筑运维

1. 地产类建筑 BIM 运维需求分析

1）设备信息管控复杂，物业跟踪效率低下。

2）二次装修时，缺乏隐蔽工程信息，容易造成安全隐患。

3）面对火灾等突发事件，现有的处理方式仅仅是关注响应和救援，容易造成人员的生命财产损失。

4）业主保修反馈流程复杂，交流不及时，表达不直观，提高维修工作时间成本，降低维修物业工作效率，造成不必要的浪费以及安全隐患等。

2. 规划

地产开发商成立自己的运维 BIM 小组，其中人力资源可外聘 BIM 运维公司，也可自己招募，并由 BIM 运维公司提供培训。

利用 BIM 技术，引入平台进行信息收集管理，二次装修阶段利用平台了解建筑隐蔽工程信息。开发手机客户端，实现线上报修，快速响应业主维修需求，及时定位问题，跟踪解决。

承接设计、施工阶段数据，形成完整的设备台账信息，并引入设备"一对一"二维码识别技术，实现全周期管理。

引入 BIM 运维信息模型，根据喷淋感应器快速在三维模型信息空间定位着火点位置，并对周边的情况进行分析，快速规划最佳逃生路线。

利用 BIM 运维平台，实时监控水表、燃气表、电表等器械，全方位实现能源管理，能耗自动统计，减少浪费，杜绝隐患等。

第 2 节　国内外运维现状调研

9.2.1　国内外医院类建筑 BIM 运维调研情况

1）美国：最早开展医疗信息化的国家，自 20 世纪 50 年代中期即开始在医院财务方面应用信息系统，但到 20 世纪 90 年代末医疗信息系统 HIS（Hospital Information System）发展才较为成熟。

2）日本：其 HIS 开发和应用从 20 世纪 70 年代初开始，而多数日本医院是 20 世纪 80 年代以后开始进行 HIS 工作的，但发展过程迅猛。

3）英国：也较早开发了比较完善的 HIS，包括自动化的方便患者的检验系统、影像、报告分离系统、综合病理分析系统中心、供应及消毒系统等。

4）德国：医院信息系统的建设水平较高，一般以大公司的 HIS 为基础，集成几十家不同子系统。德国从软件、硬件之间的接口，到数据字典的建立都体现出德国对标准化的强烈意识。但从定义看，HIS 主要为医院所属各部门提供病人诊疗信息和行政管理信息的收集、存储、处理、提取和数据交换，医院设备设施运维即后勤管理功能较弱。

5）中国：医院信息化起步较晚，比发达国家落后了约 20 年。但具有的优势是，公立医院在我国占据绝对优势。经过国家政策引导及示范应用，2000 年以后进入快速发展期。目前医院各管理系统中所运用的计算机技术已经趋于成熟，各地都在探索利用信息化手段进行医院信息化管理及运维现代化管理，并取得了很好的效果。

大型医院都具有结构复杂、功能多样的建筑，医院建筑内的诊疗活动承载着巨大的人流和物流。目前医院建筑运维信息化程度低，水、电、暖通、安防、消防各专业分开开展维护工作，建筑管理职责的总务、保卫、基建和物业等科室各自为政，建筑数据、参数、图样等各种信息散居在各处，既不直观又毁损严重，很多维护工作都依靠老职工的经验和回忆进行，缺乏统一、直观的运营维护方式，效率低下、重复作业、浪费严重。

9.2.2 地产类建筑 BIM 运维调研情况

以楼宇系统为例。在楼宇运维中，虽然从建设的材料和技术上看，中外市场其实没有区别，但体制上有很大的不同。国外建设方同时提供后期运维保养服务，而国内一般是建设结束后，交由物业公司管理，由于人才的限制，造成建造、运营、管理之间脱节，建造商无须负责后期运营。所以，国内智能化系统绝大部分没有被用起来。其实运维工作很大一部分工作重点在于激活原有的智能系统。

BIM 技术不仅仅局限于在建和未建项目，已建成的项目中也会有很大的用处。在国外有一篇名为《数字建造英国项目》的文章中介绍到英国政府的一项重要计划——数字建造英国，简称 DBB。这是一个很宏伟的计划。目标是把整个英国的建造环境数字化，并带动整个产业向数字化转型。数字建造英国项目设计了未来国家建筑业的信息流向，从最基础的规划设计建造流向建筑运维，再向上流向建筑的优化服务，最终流向普通的使用者。而使用者产生的数据又会再次流回到基础建设和运维领域，形成一个信息流动的闭环。

然而在实际建模过程中，BIM 构件中会添加很多参数，理论上这些参数能汇集到一起，能反映这个建筑中存在的产品，但使用软件自带的参数会出现一些问题。比如：如何确定某个描述是最新版本的；产品是否有效，如果失效可有替代产品。另外很多设计师在设计过程中并不会专门费心思输入信息，而是使用默认的族参数，这也会导致产品信息无法准确对应。有些项目在建造过程中使用条形码或二维码，但这些标识符背后的信息会过时。所以到运维阶段可能就没用了。

在英国，有一家代表英国国内 BIM 领先技术的机构（NBS），该机构和建筑产品协会共同发起的英国标准协会（BSI），研发了一种新的标识符——数字对象识别码，简称 DOI。所有 DOI 都有唯一关联的元数据，数据存储在云端，由制造商集中维护。它的信息可以随时间变化，人们可以在建筑全生命周期内随时识别它，访问最新的云端数据。不同于一般的网页链接，它的信息格式是标准化的、可计算的，可以包含其他属性信息，也可以被嵌入到其他信息中去，当然如果厂商自己管理和发放各自的 DOI 信息，也容易引起混乱。

9.2.3 其他类——CIM 智慧城市探索

1. 政策及时代背景

党的十九大报告明确提出要加强应用基础研究，建设数字中国、智慧社会，可以看出，智慧城市在政策方面呈现一种加速推动的态势。同样从世界发展现状来看，智慧城市是世界发展的大趋势。打造宜居、有竞争力、可持续的智慧城市，能够提升城市竞争力，加快经济发展。然而，国内乃至世界，智慧城市的发展仍然缺乏共享的城市信息模型，没有统一的数据平台作为智慧城市应用的统一载体。下面主要深入列举四点主要因素：

（1）缺乏有效规划，重复建设

1）智慧化全局工作缺乏顶层规划及统筹。

2）各业务系统相关基础信息重复建设。例如地理信息、建筑信息、道路信息、管路信息等。

（2）指挥系统建设和应用离散化

1）各部门、各行业都在做智慧化，缺乏有效的互联互通和集成应用手段。

2）应用深度和水平参差不齐、专业人才缺乏。

（3）缺乏完整、科学的标准体系

1）缺乏统一的城市智慧化标准体系。

2）缺乏指挥系统应用之间的接口和协调关系。

3）体制机制创新滞后。

（4）缺乏合适的运行和管理模式

1）缺乏科学、实用的城市信息化建设的总体框架。

2）缺乏统一的智慧城市运行管理平台。

3）网络安全隐患及风险突出。

2. CIM 概念详述

城市信息化模型（CIM）包含了三个层级，分别是城市信息模型、城市智慧模型和城市智慧管理。

1）城市信息模型：以 GIS + BIM + LOT 为城市信息基数，映射真实城市，建立起三维城市空间模型和城市时空信息的有机综合体。

2）城市智慧模型：基于城市基因库、知识库、指标体系，以机械学习、人工智能为支撑，实现城市管理实时智能决策。

3）城市智慧管理：实现智慧统筹、规划、监控、协调城市的公共服务、经济业态、社会活动、管理执法等。

这三个层次体现了从数字城市到智慧城市的逐步递进。从数字化的映射到智慧化的分析处理，再到反馈到城市的管理应用。

一旦提及数字城市及智慧城市建设，都会涉及数字孪生的理念。即在数字空间同步建设数字孪生城市，二者平行发展、相互作用。而 CIM 就是实现这一映射的重要工具，这些工具主要就包括 BIM、GIS、LOT。

随着行业的发展，我们会发现，其实 BIM 与 GIS 之间的边界在不断模糊甚至融合。BIM 可以看作是 GIS 在局部的关于建筑的延伸，从空间上对建筑构件及其信息进行管理。可以说 GIS 与 BIM 的结合完整地在数字空间中体现了静态的城市；LOT 构建了现实城市到数字模型之间的桥梁，将城市中动态的状态信息反映到数字空间中，同时将数字空间中的操作反馈到现实中的控制设备上，实现了动态的数字孪生。

智慧城市好比一个人类生命体，骨架、血肉、大脑、神经系统相互依赖，都是生命体的重要组成部分，均为城市行为的物质载体。不同的智慧应用也将对应着不同的城市行为，包括智慧交通、智慧消防、智慧医疗、智慧教育、智慧园区、智慧政务、智慧应急、智慧水务、智慧金融、智慧森林等。

3. 管廊工程

在绿色城市、智慧城市的大背景、大理念下，管廊工程运营 BIM 的市场发展如雨后春笋一般，焕发出强大的生命力。管廊工程有以下几个特点：

1）其专业元素众多，管网系统中包括电力、通信、供水、燃气、市政管道等系统，同样还需要借助道路桥梁的相关专业。

2）埋设的位置大多为交通运输繁忙或者城市主干道以及配合轨道交通、地下道路、城市地下综合体等建设工程地段；大多分散在城市核心区、中心商务区、地下空间高强度成片开发区、主要道路的交叉口、过江隧道等。

3）附属工程系统庞大，综合管廊内设置通风、排水、消防、监控等多种附属工程系统。

4）多种管线共沟敷设，使事故发生的概率增加。综合管廊综合造价较高，建设及运维费用分摊存在困难。难以把排水管线、雨水管线纳入其中，缺乏科学的预测和长期规划，或因容量不足或过大而浪费。

BIM 技术在管廊运维中主要做到的只是利用 BIM 与 GIS 技术结合，将建成后的地下管网数据整合统一存储，为以后应急预案的工作提供精确模型依据，还有就是起到资源管理与监控的作用。显然在运维阶段的应用点远远不够，技术有待发展与探索，市场潜力巨大。

第 3 节　BIM 运维基本应用点

运维阶段的 BIM 应用是基于 BIM 信息集成系统平台，集成包含整个工程的 BIM 竣工模型及设备设施参数、模型信息、非几何信息等，最终发挥 BIM 对于业主方最大效益的运维应用。其基本内容包括运维模型创建、设备设施运维管理、装修改造运维管理。

BIM 运维应用内容及提交成果见表 9-1。

表 9-1　BIM 运维应用内容及提交成果

阶 段 名 称	工 作 内 容	提 交 成 果
运维应用	根据业主需求进行运维模型的转换、维护和管理，添加运行维护信息等；根据使用功能与运维模块不同可分为运维模型创建、设备设施运维管理、装修改造运维管理	运维 BIM 模型与运维平台管理系统等

运维系统 BIM 应用操作流程如图 9-1 所示。

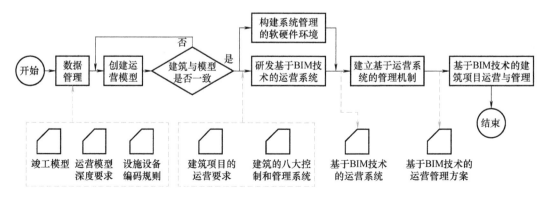

图 9-1　运维系统 BIM 应用操作流程

9.3.1　运维模型数据

运维模型创建是在竣工模型基础上，通过数字化技术建立的一个综合专业的虚拟建筑物。同时通过运维平台管理系统形成一个完整、逻辑能力强大的建筑运维信息库。BIM 模型通过数字信息仿真模拟建筑物所具有的真实信息，包括几何形状描述的视觉信息、大量的非几何信息，如材料的强度、性能、传热系数，构件的造价、采购信息等。运维模型不仅仅只是虚拟建筑物，它还具备相应的运维功能，如运维计划、运维资产管理、运维空间管理、建筑系统运维分析、灾害应急模拟等。

1. 运维计划

运维计划是在建筑物使用寿命期间，因建筑物结构设施（如墙、楼板、屋顶等）、设备设施（如设备、管道等）和构件（天花板、墙面、地坪等）都需要不断得到维护，为保证建筑物的各项功能、性能满足正常或最大限度发挥效益，而创建的一系列运维计划。一个成功的维护方案将提高建筑物性能，降低能耗和修理费用，进而降低总体维护成本。BIM 模型结合运维管理系统可以充分发挥空间定位和数据记录的优势，合理制订维护计划，分配专人专项维护工作，以降低建筑物在使用过程中出现突发状况的概率。对一些重要设备还可以跟踪维护工作的历史记录，以便对设备的适用状态提前做出判断。

2. 运维资产管理

运维资产管理是在运维阶段，在运维模型创建完成后，为达到实现资产所有人期望的目的，由专业机构对建筑项目提供保洁、维修、安全保卫、环境美化等一系列运维活动的服务，以达到资产保值、增值的管理应用。一套有序的资产管理系统将有效提升建筑资产或设施的管理水平，但由于建筑施工和运维的信息割裂，使得这些资产信息需要在运维初期依赖大量的人工操作来录入，而且很容易出现数据录入错误。BIM 模型中包含的大量建筑信息能够顺利导入资产管理系统，大大减少了系统初始化在数据准备方面的时间及人力投入。此外由于传统的资产管理系统本身无法准确定位资产位置，通过 BIM 结合 RFID 技术和二维码还可以使资产在建筑物中的定位及相关参数信息一目了然，快速查询。

管理内容包括：

1）日常管理：主要包括资产的新增、修改、退出、转移、删除、借用、归还、计算折旧率及残值率等日常工作。

2）资产盘点：按照盘点数据与数据库中的数据进行核对，并对正常或异常的数据做出处理，得出资产的实际情况，并可按单位、部门生成盘盈明细表、盘亏明细表、盘亏明细附表、盘点汇总表、盘点汇总附表。

3）折旧管理：包括计提资产月折旧、打印月折旧报表、对折旧信息进行备份、恢复折旧工作、折旧手工录入、折旧调整。

4）报表管理：可以对单条或一批资产的情况进行查询，查询条件包括资产卡片、保管情况、有效资产信息、部门资产统计、退出资产、转移资产、历史资产、名称规格、起始及结束日期、单位或部门。

3. 运维空间管理

运维空间管理是在运维阶段为节约空间成本、有效利用空间、为最终用户提供良好工作生活环境而对建筑空间所做的管理。BIM 不仅可以用于有效管理建筑设施及资产等资源，也可以帮助管理团队记录空间的使用情况，处理最终用户要求空间变更的请求，分析现有空间使用情况，合理分配建筑物空间，确保空间资源的最大利用率。

1）空间分配：创建空间分配基准，根据部门功能确定空间场所类型和面积，使用客观的空间分配方法，消除员工对所分配空间场所的疑虑，同时快速地分配可用空间。

2）空间规划：将数据库和 BIM 模型整合在一起的智能系统跟踪空间的使用情况，提供收集和组织空间信息的灵活方法，根据实际需要，以及成本分摊比率、配套设施和座位容量等参考信息，使用预定空间，进一步优化空间使用率；并且基于人数、功能用途及后勤服务预测空间占用成本，生成报表、制定空间发展规划。

3）租赁管理：应用 BIM 技术对空间进行可视化管理，分析空间使用状态、收益、成本及租赁情况，判断影响不动产财务状况的周期性变化及发展趋势，帮助提高空间的投资回报率，并能抓住出现的机会及规避潜在风险。

4）统计分析：开发如成本分摊（比例表、成本详细分析、人均标准占用面积、组织占用报表、组织标准分析）等报表，方便获取准确的面积和使用情况信息，满足内外部报表需求。

4. 建筑系统运维分析

建筑系统运维分析是对照业主使用需求及设计规定来衡量建筑性能的过程，包括机械系统如何操作和建筑物能耗分析、内外部气流模拟、照明分析、人流分析等涉及建筑物性能的评估。BIM 结合专业的建筑物系统分析软件避免了重复建立模型和采集系统参数。通过 BIM 可以验证建筑物是否按照特定的设计规定和可持续标准建造，通过这些分析模拟，最终确定修改系统参数甚至系统改造计划，以提高整个建筑的性能。

5. 灾害应急模拟

灾害应急模拟是利用 BIM 及相应灾害分析模拟软件，可以在灾害发生前，模拟灾害发生的过程，分析灾害发生的原因，制定避免灾害发生的措施，以及发生灾害后人员疏散、救援支持的应急预案。当灾害发生后，BIM 模型可以提供救援人员紧急状况点的完整信息，这将有效提供突发状况应对措施。此外楼宇自动化系统能及时获取建筑物及设备的状态信息，通过 BIM 和楼宇自动化系统的结合，使得 BIM 模型能清晰地呈现出建筑物内部紧急状况的位置，甚至到紧急状况点最合适的路线，救援人员可以由此做出正确的现场处置，提高应急行动的成效。

9.3.2 设备设施运维管理

设备设施运维管理是在建筑竣工以后通过继承 BIM 设计、施工阶段所生成的 BIM 竣工模型，利用 BIM 模型优越的可视化 3D 空间展现能力，以 BIM 模型为载体，将一系列信息数据及建筑运维阶段所需的各种设备设施参数进行一体化整合的同时，进一步引入建筑的日常设施设备运维管理功能，产生基于 BIM 运行建筑空间与设备运维的管理。设备设施运维管理包括财务管理、用户管理、空间管理、运行管理。运维设备管理平台界面如图 9-2 所示。

1. 设备设施财务管理

设备设施财务管理是在设备设施运维过程中，利用价值形式合理组织设备设施财务活动，正确处理财务关系，以实现财务目标的一项综合性经济管理活动。设备设施财务管理的目标为：保证设备设施正常运行，通过运维获得可持续发展。主要管理内容包括管理人员信息、建筑概况信息、建筑日常维护信息。其中系统管理和服务人员的信息可在后期运维过程录入和输出。

2. 设备设施用户管理

设备设施用户管理是指设备设施的使用单位或个人、信息服务的对象或非信息服务部门（如

图 9-2 运维设备管理平台界面

会计、销售、设计等部门）的管理人员通过运维平台构建成与信息服务人员及信息服务系统高效地进行信息交换的运维过程。内容主要包括用户信息、用户需求以及用户反馈。此过程为运维阶段设施利用的客户服务，信息基本来源于运维过程。其中用户需求包括用户进行交易信息，与财务管理模块进行管理；用户对建筑空间的需求，与空间管理模块关联。

3. 设备设施空间管理

空间管理内容主要包括建筑空间的布局、建筑空间的利用、建筑内部的设计以及设备设施在建筑空间的部署情况。建筑空间的布局和设施设备在建筑空间的部署，主要来源于移交文件，其中设备设施在建筑空间的部署需要 BIM 模型提供施工图、施工过程空间信息；设施设备在建筑空间的部署需要 BIM 模型提供安装图和施工过程空间信息。建筑空间的利用和建筑内部的设计，主要来源于运营阶段设施管理的空间规划内容和实际应用情况。

4. 设备设施运行管理

运行管理内容主要包括维护人员信息、建筑外设施、建筑环境、建筑设备。运行维护人员信息主要来源于运维过程，包括运行维护人员的培训情况及运行维护人员的运行维护记录。建筑外设施、建筑环境以及建筑设备的信息来源包括移交前数据和新生数据两部分。

移交前数据是建筑工程数据与建筑运维知识库数据的综合，主要包括：

1）建筑设备设施的基本信息，如设备型号、名称、制造商认证，供应商信息等建筑设备设施基本信息。

2）整体建筑的设备设施部署情况，包括建筑室内外，以及设备设施位置和设备设施的工作面，运行维护空间等。

3）该建筑的应急安全通道服务信息。

4）需要进行维护的相关知识，如设施和建筑材料、建筑性能数据，了解建筑维护周期。

运维阶段的新生数据主要包括：

1）建筑及设备设施的预防性维护。

2）设备设施的故障维修、应急抢修内容。

3）设备设施替换零件以及新配件信息。

4）设备设施升级时，更新后的新数据等。

9.3.3 装修改造运维管理

装修改造运维管理是在运维阶段根据建筑自身属性通过运维平台管理系统进行综合，有效并充分发挥建筑性能的运维管理。运维管理内容包括建筑物加固、外立面改造、局部空间功能调整、二次装修、安全管理等方面；目的是使建筑更适合当前的使用需求，涉及设计、施工两个方面。BIM 技术在本阶段的应用管理，涵盖设计阶段和施工阶段的 BIM 应用范围，也具有本阶段特有的 BIM 应用特征。

设备设施运行管理状态展示和运维平台详细数据分别如图 9-3 和图 9-4 所示。

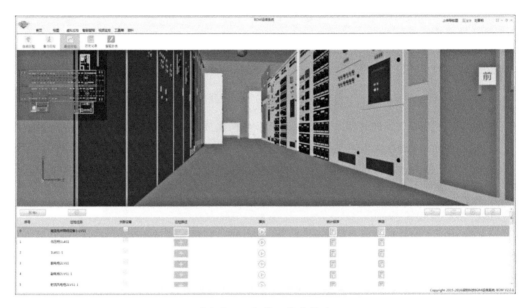

图 9-3 运行管理状态展示

图 9-4 运维平台详细数据

装修改造运维管理应用内容：

1．基础数据源

基础数据源：运维 BIM 模型、竣工 BIM 模型、现场 3D 扫描数据。

2．维修改造实施方案对比及风险预警应用

1）依据基础数据创建项目改造实施方案 BIM 模型。

2）利用改造实施方案的 BIM 模型进行方案可实施性讨论。

3）对比现场 3D 扫描数据与改造实施方案 BIM 模型，进行改造实施方案的风险预警分析。

3．维修改造实施时间及成本对比应用

1）依据改造实施方案 BIM 模型，分析改造实施时间及成本。

2）对比不同施工工序的实施时间及成本，确认最优改造实施方案。

4．维修改造实施模拟应用

1）施工前期模拟项目改造实施进度，提前预判实际施工可能存在的风险，并提前制定风险防控措施。

2）施工过程阶段模拟，利用 3D 扫描技术及激光定位技术，实时把控现行施工情况，并将现场扫描数据与改造实施方案 BIM 模型进行对比，并通过阶段模拟，指导下一步骤的施工，制定风险防控措施。

5．提供成果

1）维修改造实施方案 BIM 模型。

2）施工进度、工程量清单、成本核算文件。

3）维修改造实施模拟及风险防控措施文件。

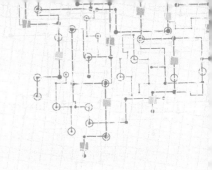

第 10 章　上海市第一人民医院南院 BIM 运维管理案例

医院的安全运行是医院开展正常医疗工作的基本前提，也是医院后勤管理的重点工作。然而，近年来随着医院规模的逐渐扩大，大型医院的安全形势从未像现在这么复杂和突出：医院规模越来越大，院区范围内人群密集；医院运营的基础保障系统繁杂，设备安全运行要求越来越高；医院后勤管理社会化外包普遍，外委服务商安全保卫的及时性和有效性要求提升。如何有效提升医院的综合安全管理的效率，做到防患于未然，如何对各种安全报警信息进行精准定位、鉴别并快速处置，如何为现代大型医院的安全运行提供有力保障，都成为医院安全管理的重要课题。大型医院普遍建设了各类安全管理系统，如中央监控系统、消防、门禁、巡更、应急报警等，但是这些系统各自独立运行，这种孤立的系统设置和分散的信息数据给医院安全管理的快速响应、资源调配与流程优化带来了较大难度。而大型医院的规模不断扩大、结构形式愈加复杂、建设年度跨度拉大、医院运营同时改造工程变多、异地多院区设置越来越普遍等特点又进一步加大了医院安全管理的复杂程度；为应对安全管理压力而进行的安全系统升级改造设计是否科学合理、是否具备系统性，也是医院建设过程中安全管理投资规划需要考虑的重点。

第 1 节　项目总览

10.1.1　项目背景

上海市第一人民医院南院是上海市首家落户远郊的三级甲等医院，于 2006 年 10 月 26 日正式运行。该院占地面积 400 亩（1 亩 = 666.7m²），单栋建筑 14 栋，总建筑面积 12 万 m²，是当时上海市占地面积最大的三甲综合性医院。整个项目图样缺失、体量大且已建成平台零散，院方要求模型与现场保持一致并完成运维定制。

10.1.2　项目设计

1. 设计原则

以现实需要为基本出发点，确保适应未来发展需要是建设医院管理智能运维系统的基本原则。该系统的设计将遵循以下具体的原则：

（1）可靠性　系统可靠性是系统长期稳定运行的基石，只有可靠的系统才能发挥有效的作用。

系统中的软、硬件及信息资源要满足可靠性设计要求，具备较高的可靠性、较强的容错能力、良好的恢复能力。

（2）兼容性　系统要涉及多类型数据库，需要提供开放的接口。系统在处理能力、数据存储容量、网络技术和数据接口等方面具有良好的互操作性和可扩展性，以保证未来的扩展和已有设备的升级。该方案需要充分考虑对原系统的利用，保护原有投资，最大限度地降低系统造价和安装成本。

（3）标准性　系统采用的信息分类编码、网络通信协议和数据接口标准必须严格执行国家有关标准和行业标准。

（4）先进性　根据建设资金情况，应保证在实用可靠的前提下，注重应用成熟技术，尽可能在最佳性价比下选择国内外先进的计算机软硬件技术、信息技术和网络通信技术，使系统具有较高的性能指标。

（5）易用性　系统采用 B/S 架构设计，同时采用通用、成熟的产品和中间件技术，同时考虑尽量减少系统的维护工作，尽量减少维护的难度。

（6）成熟性　在注重先进性的同时，系统设计和开发智能运维系统应采用业界公认成熟并具备在类似项目建设有过成功实施经验的技术和服务。

（7）安全性　系统应具有切实可行的安全保护措施，对计算机犯罪和病毒具有强有力的防范能力，保证数据传输可靠，防止数据丢失和被破坏，确保数据安全。

（8）容错性　系统应具有较高的容错能力，要有较高的抗干扰性，对各类用户的误操作要有提示和自动消除能力。

（9）扩展性　系统的软硬件应具有扩充升级的余地，保护以往的投资，能够适应网络及计算机技术的迅猛发展和需求的不断变化，使系统中的信息资源具有长期维护使用能力。具有易扩展性同时保证二次开发，并且可以保证系统管理员或技术员能及时改善系统的功能。系统在设计过程尽量考虑今后的变化、编码、功能。数据库应易于扩充，以满足将来的发展需要，为以后的变化预留一定的接口。

（10）实用性　充分满足现行管理体制、管理模式、业务流程及人员结构现状的现实需要。从实际情况出发，设计系统的结构和功能。紧密结合实际应用需要，保证系统最大限度地符合用户实际应用的要求，同时采用统一风格的界面和操作方式，使系统易学易用，操作简单。

2. 总体架构

从图 10-1 可以看出，人民医院南院 BIM 运维管理平台参照医院和建筑信息模型的标准进行设计，与智能化监控平台和存储层发生数据交换。

人民医院南院 BIM 运维管理平台本身分为接口层、数据层、服务层、平台层、展现层五个层次，并且提供了 PC 端的应用模式；展现层必须通过服务层操作数据层才能对数据进行修改，从而保证数据的安全性。

接口层：以数据前置机的方式，既在监控系统与人民医院南院 BIM 运维管理平台架起一道桥梁，使两者之间能够互相联通，同时也在两者之间加了一道闸门，系统彼此内部的故障不会影响到另外一个系统的正常运行。

数据层：以实体对象的模式控制对存储层的数据操作，并且通过 ORM 方式实现对数据层的增删改查，能够最大限度地控制对数据记录的危害性操作。

服务层：采用独立服务的模式实现系统静态内容和动态内容的隔离部署，这样能够最大限度地发挥服务器的能力，满足用户的需求。

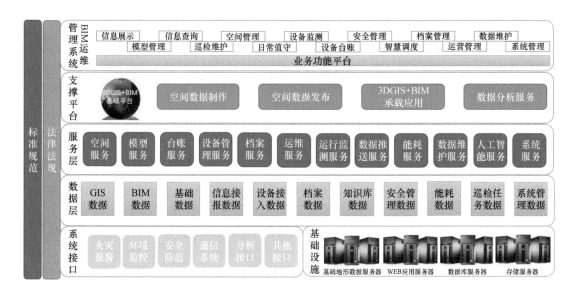

图 10-1　南院运维总体架构

平台层：以 3DGIS + BIM 平台为基础，针对人民医院南院 BIM 运维管理平台需求制作并发布空间数据，提供 3DGIS + BIM 应用的支撑，为系统运行提供基础功能支撑。

展现层：采用模块化管理的方式，不同用户根据不同权限看到不同的内容并实现不同的操作内容。

10.1.3 项目主要工作梳理

在一期 BIM 运维管理系统中，引用 GIS 影像地图、3DMax 模型及 BIM 精细建模技术，将 GIS 与 BIM 无缝结合，对南院整个院区场地及 14 栋单体建筑进行分专业精细化建模，其中包括急诊楼，病房楼，医技楼 F、G、H、J，门诊医技楼 A、B、C、D、E，学生宿舍楼，科研楼，食堂楼，科教中心等大型建筑以及医院的南北科教中心门卫，锅炉房，垃圾房，燃气表房，污水处理等小型建筑。其中地上最高楼层为 13 层，地下为 1 层。

通过将医院建筑结构、暖通、给排水、电气、消防、动力等设备信息进行三维建模，实现对设备信息高效化、规范化、智能化、精细化管理。通过将系统数据与模型的关联，做好安全监控、巡查、养护和维修工作，保证设备设施的正常运转。制定并实施应急预案，当医院内发生险情时，采取紧急措施并及时组织相关单位进行抢修。发生火灾时，采取预先设置好的消防预案，在系统上以三维动画模拟的形式展示逃生路线及消防路线。

通过平台的建设，将南院的监控、门禁系统、工单管理系统等集成为一个相互关联和协调的综合化系统，打破信息孤岛，实现各系统统一管理、信息共享及相互联动控制，并能实现南院的可视化，提高运维安全性、先进性和易用性，并且实现与相关单位、政府管理部门之间统一的标准化通信接口，实现信息发布、共享、交换。

建立行政效能体系，对设备及企业信息、设备建设及维修档案、运维人员档案、运维车辆、办公自动化等进行综合管理，并提供查询、统计和分析服务，提高综合管线运营单位的工作效率和管理水平。

一期功能模块如图 10-2 所示，白色为一期已完成的功能模块，灰色为二期细化功能。

图 10-2　南院运维一期功能模块

10.1.4　项目各阶段节点时间控制

项目自中标以来 BIM 运维团队累计完成了 10 个月的项目跟踪，并于 2017 年 1 月 17 日正式进入图纸建模阶段。建模的同时，已建平台的沟通协调工作也在同步进行。伴随着 BIM 平台模块搭建工作的进行，模型需要与平台产生磨合，并进行相应的优化工作。最后进入持续微调优化阶段，直到二期建设。各阶段的时间节点控制情况如图 10-3 所示。

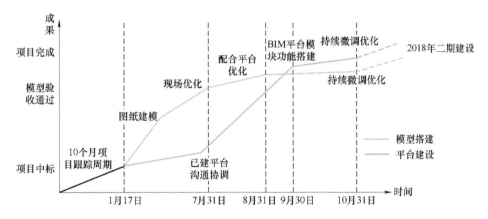

图 10-3　各阶段的时间节点控制

针对 BIM 运维过程中两大主干工作进行了时间分配统计，结果如图 10-4 所示。

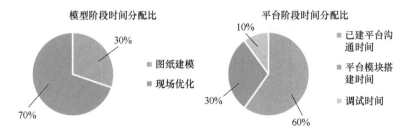

图 10-4　时间分配统计

第2节　运维成果展示

10.2.1　模型展示

1. 初版模型及模型上线

项目中标后第3个月（即2017年4月），团队完成了初版模型的创建（图10-5），8月便实现了平台模型的正式上线（图10-6～图10-8）。

图 10-5　初版模型

图 10-6　上线模型

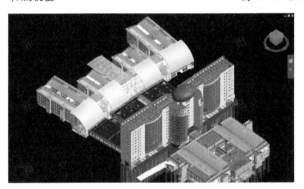

图 10-7　急诊楼

图 10-8　消防水泵房

2. 模型精度

伴随着工程的开展，不同精度的 BIM 模型对应不同阶段的工程，从设计到施工再到竣工验收，模型的信息在不断地完备，运维模型更是在竣工模型的基础上经过精雕细琢得到。该项目的创建，始终遵循企业建模标准，并结合现场实际需要完成了 LOD500 精度的模型信息库创建以及参数化族库定制，如图 10-9 所示。

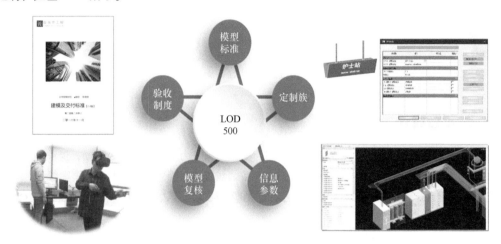

图 10-9　模型精度

3. 模型与实景对比

模型的创建，最低要求便是与实际场景保持一致。不管从工程模拟还是从用户体验来看这一点都是显得尤为重要，示例如图 10-10 ~ 图 10-12 所示。

图 10-10　连廊钢琴角

图 10-11　夜景

图 10-12　功能区导向牌

10.2.2 平台展示

　　运维平台工作的开展以"BIM 为载体，数据为支持，标准为依赖，业务为驱动，流程为导向"的特点，实现了"全景监控""设备管理""安防管理""维修管理""能耗分析""档案管理"等全方位功能应用。平台示例如图 10-13 所示，平台特点如图 10-14 所示，平台功能概括图如图 10-15 所示。

图 10-13　上海市第一人民医院运维平台主页

图 10-14　平台特点

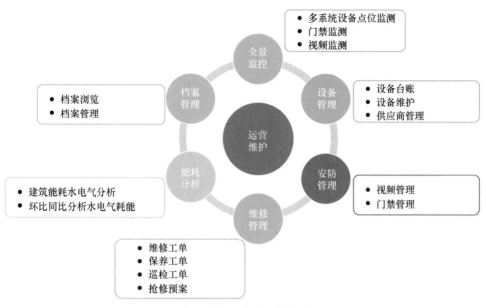

图 10-15　平台功能概括图

1. 多系统接入功能

　　平台支持标准的数据接口（图 10-16），可与采集端设备无缝对接。例如"工单系统""门禁系统""视频监控系统""设备监测系统"等，如图 10-17 所示。

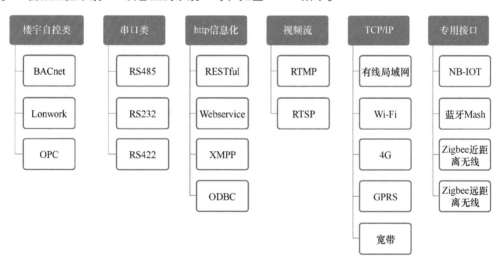

图 10-16　来源于不同平台的数据接口

2. 多系统设备点位监控

　　在一期 BIM 运维系统中，实现了对监测点位数据的实时读取，以图表的形式显示了每个测点相隔 3s 的变化。

　　二期中，细化了一期的全景监控模块，结合监测数据 5min 更新一次的频率，取消了系统中原 3s 更新一次的图表显示功能，并将所有测点与设备关联，显示各个系统下监测的各个设备状态，如图 10-18 所示。平台支持在三维空间中通过选择 BIM 设备，检索出设备的型号参数、厂商信息、维护巡查记录，以及周边的管线走势，辅助解决设备更换、维护维修等业务，如图 10-19 所示。

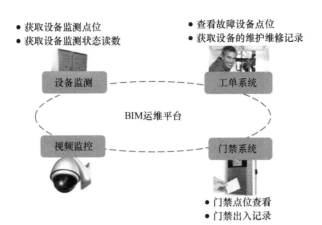

图 10-17　不同系统数据接入

图 10-18　实时更新设备监测数据

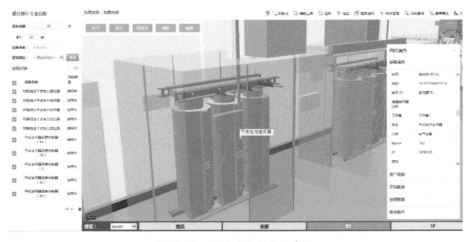

图 10-19　检索出设备各个参数

3. 空间资产管理统计

基于空间管理和资产管理的数据，将两者结合，将资产划分到空间数据中，通过空间就可以查询到该房间内所有的资产设备列表、当前空间的使用情况，平台展示如图 10-20 所示。

图 10-20　空间资产管理统计

通过 BIM 模型结合空间数据合理分配建筑物空间，追踪当前空间的使用情况，确保设施空间资源利用率最大，还能根据统计数据协助日后空间改造时的空间使用需求等。

一期已经针对空间实现了空间定义、分配和统计的功能，二期在一期的空间数据基础上，新增空间改造模块并完善一期建筑结构中的空间数据。

空间改造是基于医院建筑内局部区域的改动，如打通一堵墙，合并原本的两个空间区域，或者是空间内部家具的摆放位置的调整。系统提供便捷操作，让用户可以根据现场环境轻松调整空间内的设备及家具位置，实现与医院现场环境保持一致。

一期空间数据通过划分地板模型来进行管理，二期中，通过手动划分的方式，在模型不拆分的基础下，依然可以对空间数据进行自主划分管理，实现多种方式定义空间数据。

4. 台账查看及报警检测历史数据查看

对医院的设施设备按照专业系统、级别等划分管理，示例：专业台账查看如图 10-21 所示；支持设备与 BIM 构件关联绑定，使每个设备有据可查，示例：报警检测历史数据查看如图 10-22 所示。

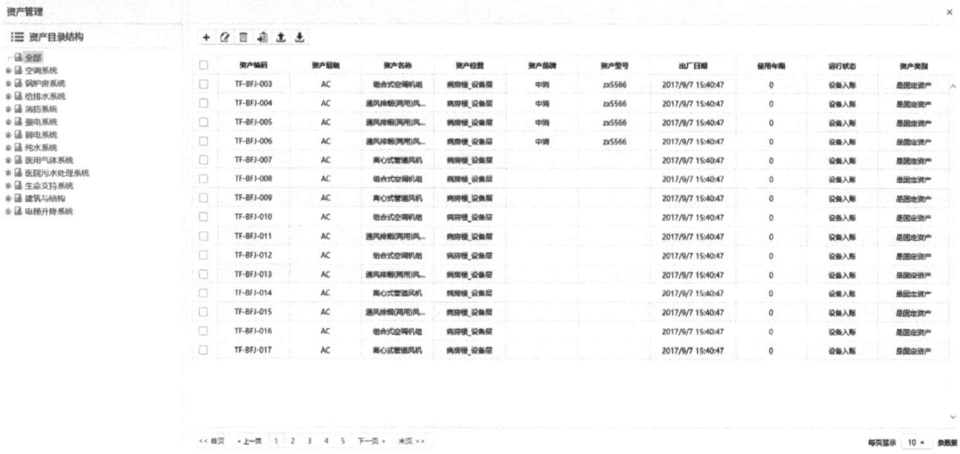

图 10-21　专业台账查看

☑ 设备运行状态					

所在建筑： 急诊楼 ▼   点位： [_____] [搜 索]

设备名称	应用点位	系统分类	安装位置	userdata	当前数值
医技楼生活水系统B1层热水泵2#	19197.01_CV	空调水系统	医技楼G区B1生活水泵房		21
医技楼生活水系统B1层热水泵2#	19197.02_CV	空调水系统	医技楼G区B1生活水泵房		0
医技楼生活水系统B1层热水泵3#	19198.01_CV	空调水系统	医技楼G区B1生活水泵房		0
医技楼生活水系统B1层热水泵3#	19198.02_CV	空调水系统	医技楼G区B1生活水泵房		1
医技楼生活水系统B1层热水泵4#	19199.01_CV	空调水系统	医技楼G区B1生活水泵房		0
医技楼生活水系统B1层热水泵4#	19199.02_CV	空调水系统	医技楼G区B1生活水泵房		0
医技楼生活水系统B1层热水泵5#	19200.01_CV	空调水系统	医技楼G区B1生活水泵房		0
医技楼生活水系统B1层热水泵5#	19200.02_CV	空调水系统	医技楼G区B1生活水泵房		1
医技楼生活水系统B1层热水泵6#	19201.01_CV	空调水系统	医技楼G区B1生活水泵房		0
医技楼生活水系统B1层热水泵6#	19201.02_CV	空调水系统	医技楼G区B1生活水泵房		0
医技楼生活水系统B1层热水泵7#	19202.01_CV	空调水系统	医技楼G区B1生活水泵房		0
医技楼生活水系统B1层热水泵7#	19202.02_CV	空调水系统	医技楼G区B1生活水泵房		1
医技楼生活水系统B1层1#生活水箱	19203.01_CV	给水系统	医技楼G区B1生活水泵房		0
医技楼生活水系统B1层1#生活水箱	19203.02_CV	给水系统	医技楼G区B1生活水泵房		0
医技楼生活水系统B1层2#生活水箱	19204.01_CV	给水系统	医技楼G区B1生活水泵房		0

图 10-22   报警检测历史数据查看

5. 应急报警

后台服务一直在不停地更新设备监测数据，当检测到数据超过阈值时，会弹出报警提示，跳转到应急预案页面，并自动定位到报警设备的安装位置处，如周边有摄像头，则自动打开监控画面，以及该设备的维护维修记录等。在报警历史记录中，也可以查看历史回放。后台设备监测及流程如图 10-23 所示。

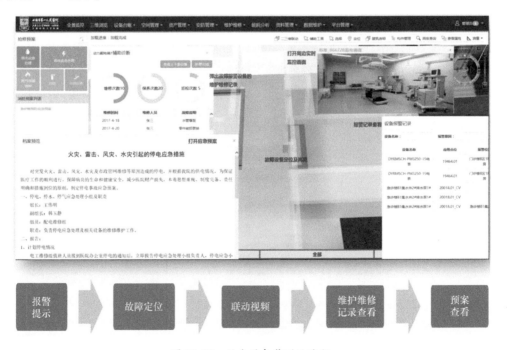

图 10-23   后台设备监测及流程

6. 视频监控

三维界面中，通过对视频监控进行空间位置管理，实时查看监控画面，对视频监控点位一目了然。平台界面如图 10-24 所示。

一期完成急诊及医院场地共 50 个视频点位对接工作，二期根据医院需求，确认了其他需要对接的视频点位及数量，在系统中实现点位分布查看，新增视频监控对接等工作。

图 10-24　视频监控平台界面

7. 门禁管理

利用平台在 BIM 模型中显示各个门禁的点位及开关状态，并统计出各个门禁当天的人流量，更直观地查看各门禁的人员出入情况，如图 10-25 所示。

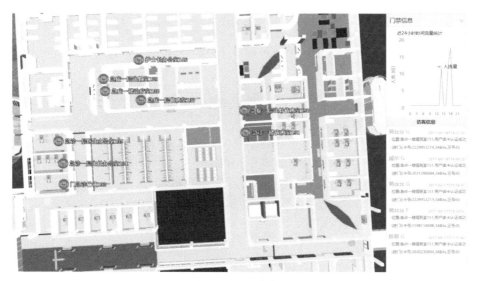

图 10-25　门禁管理

一期完成急诊楼门禁对接工作，二期实现其他建筑内所有门禁点位数据对接，实现门禁点位在三维可视化界面中查看，实时查看当前门禁点位的人员出入记录。

8. 逃生演练

平台可模拟出火灾蔓延等突发状况（图 10-26），提高公共建筑环境下广大人民的生命财产安全保障度。当火灾真正发生时，平台会及时计算出安全的逃生路线，并调出周边全景摄像头，保证疏散工作的有序进行。

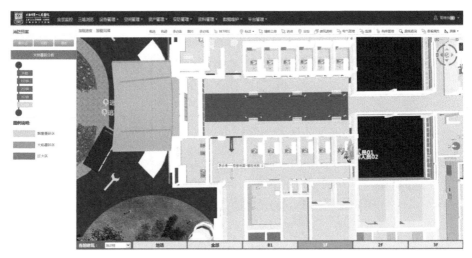

图 10-26　火灾模拟

9. 资产维护

通过对接 HERP 数据接口，获取资产详细台账数据，实现资产与 BIM 模型的关联绑定，用户查看模型时，可同时查看当前模型的资产数据，如图 10-27 所示示例。考虑到医院 HERP 中资产数据较多，模型关联工作量较大，可分多阶段完成。

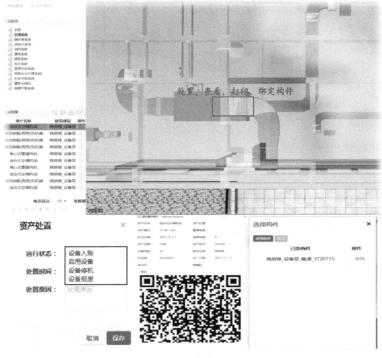

图 10-27　资产维护

阶段一：相对固定的大型设备。

阶段二：相对固定的医疗设备。

阶段三：其他固定的零碎设备。

平台依据资产类别查看每栋建筑内的资产详细参数，并且在三维可视化界面中定位到资产的安装位置，支持打印，生成二维码后续使用，支持用户手动关联资产和模型。

对设备模型采用"建筑 > 楼层 > 专业"三个级别管理的方式，根据国家制定的分类标准，管理人员可以根据自己需求从整体到局部和局部到整体之间的自由切换对电气、动力、给排水等专业设备进行浏览；同时提供模型检索功能，输入名字就能对设备定位。

10. 档案管理

平台支持项目全生命周期的数据信息，对文档资料进行统一管理和有效利用。支持资料上传下载，与 BIM 模型的图元进行批量（或单个）关联绑定，实现在查看模型属性信息时可以列出关联的资料信息，方便预览查看，示例如图 10-28 所示。

图 10-28　档案管理

该项目中的档案管理功能主要实现了：

1）档案目录维护管理。

2）档案关键字检索，预览。

3）上传文档关联模型。

4）查看属性中加载已绑定的文档，并支持预览等。

11. 维护维修

通过接入医院现有的工单系统，将设备的日常保养、巡检、维修等数据与 BIM 模型相互关联（图 10-29），当在三维可视化界面中单击设备模型时，系统可加载出该设备的历史维修次数及保养数据（图 10-30）。

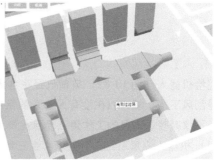

图 10-29　维护维修

图 10-30　维修工单及每日巡检

12. 能耗分析

根据建筑统计每栋楼的水、电、气能耗总量。

根据建筑形成水电气的环比同比统计，分析出每栋建筑的能耗变化趋势幅度。

根据数据统计结果，分析出每栋建筑的能耗变化趋势。

方便建筑现场远程能耗的实时动态监测、能耗管理及能效分析等工作（图 10-31），帮助医院实现持续管理能源并降低能耗。

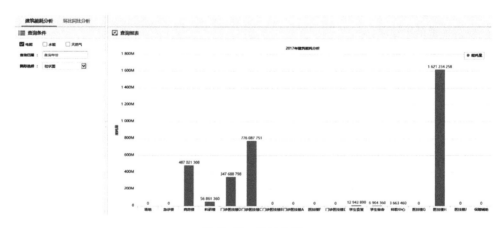

图 10-31　能耗分析

13. 人工智能巡检

巡检机器人（图 10-32）目前已经在各大行业领域得到使用，它最大的优点就是，无论白天黑夜还是刮风下雨，都可以在没有人看管的情况下自动自觉并出色完成一般日常巡视所包含的工作内容，不仅减轻了人员的工作量，而且在严重故障或者恶劣天气时，保证了工作人员的安全。

（1）机器人位置三维实时显示　在三维可视化场景中，不仅显示巡检机器人和轨道等模型信息，还根据巡检机器人反馈的位置、状态等信息，实时更新巡检机器人在三维场景中的位置及状态，使其与真实环境中的情况保持同步。

图 10-32　巡检机器人

1）巡检机器人位置信息的同步：

① 轨道位置：机器人巡检的轨道路线。

② 高低位置：机器人进行升降和伸缩时，平台三维场景也将同步显示出机器人的姿态。

2）机器人状态信息并支持对机器人信息的快速查询显示：

① 状态信息：显示当前机器人的运行状态。

② 历史信息：显示历史运行状态信息。

③ 展示模式：报表。

④ 内容：设备读数、开关状态、局部放电、噪声等。

（2）机器人远程巡视　可通过平台发布巡检任务，机器人将按照任务进行巡检，平台中同步显示出机器人的实时状态和信息，达到远程操作巡视目的。

1）远程控制，指定要巡检的设备。

2）实时查看巡检状态，返回结果。

（3）异常捕捉　平台支持监测数据区间值设置，通过巡视机器人获取到的监测数据，根据监测区间进行对比，如果超过阈值，则提示报警，可通过邮件或短信等方式提示用户。

1）提供阈值设置，当巡检返回结果超过阈值时，提示报警信息。

2）报警历史记录查询。

（4）巡检结果显示　平台支持检查结果的实时显示，监测类型包括带电状态、储能状态、柜内温湿度、储能模式、局部放电、温度（红外测量）、声音。

14. 平台知识库建设

（1）资产设备知识库　该模块主要用来管理资产设备相关的文档，支持关键字全文检索，支持用户批量及单个导入，由平台自动在后台分析处理，提取文档关键字，从而将文档内容实现结构化存储。用户可以通过网页或者移动端输入关键字来查询符合关键字的所有文档。

（2）应急预案知识库　应急预案在突发事件发生时，能最大限度地降低事件造成的损失，所以在知识库中单独设置应急预案模块，把医院所有类型的预案进行分类管理，并且与应急预案动画模拟做绑定关联，实现在查看应急预案演练的同时，可调阅出对应的应急预案文档数据进行查看，实现权限划分。

15. 车辆管理

针对医院停车场管理系统，实现对医院各个停车区域车辆管理功能。目前医院停车管理有两套独立系统，即停车计费和车牌识别。

系统整合停车管理系统基础数据，对所有停车场和停车位进行建模和空间管理，实现三维可视化；并通过对接车牌识别系统，实时显示各区域的车辆负荷信息，可停多少车辆和已停多少车辆，并可查看已停车辆的详细数据，包括车辆号码、停车时间等。

16. 巡更管理

该系统能够根据巡更点三维位置，将其部署在三维可视化界面中，用户能够直观地观察巡更路线，管理巡更计划，通过接入巡更软件数据，能够读取到保安巡逻经过的巡更点，将事先设定的巡逻计划同实际的巡逻记录进行比较，就可得出巡逻漏检、误点等统计信息报表，通过这些报表可以真实地反映巡逻工作的实际完成情况。

提供巡更信息管理、巡更路线管理、巡更班次管理等功能。

巡更信息管理：显示当前系统巡更信息。可根据时间段、巡更员卡号、巡更员名、巡更点、巡更路线等条件显示不同信息。

显示信息：巡更员卡号、巡更员名、刷卡日期、刷卡时间、应到时间、巡更点、巡更路线、事件、状态等信息。

巡更路线管理：编辑、查询、复位巡更路线。

巡更路线属性：路线编号、线路名称、间隔时间、始末时间、地点数。

复位巡更路线：将路线的各巡更地点由已巡逻状态设为未巡逻状态。如果系统设置了路线复位时间，则路线在最后一个巡更点的应到时间 + 复位时间，将被自动复位。如果路线中存在未巡逻点，复位时间延长 1h。在地理地图上面可以显示巡更路线。

巡更班次管理：编辑、查询巡更班次。巡更班次属性包括：巡更人员、需巡更路线、巡更日期、巡更方式等因素。

巡更方式：按星期排班、按月份排班、按间隔排班（持续几天，间隔几天）。

17. 消防治安管理

根据用户选择的建筑及楼层数据，统计出当前楼层的消防设备种类及数量，在三维可视化中高亮显示。

对当前建筑楼层的消防设备进行精细管理，支持单个及批量录入消防设备的使用时限等详细信息，系统自动判断当前楼层有哪些设备已超过保质期限，进行提示及定位高亮显示。

18. 危化品管理

该模块主要用来对医院危化品和放射源等危险物品进行管理，记录每一个物品的基础信息、存放位置及数量统计，支持手动录入和批量导入导出。支持通过关键字进行模糊查询，查看物品的存放位置及数量等历史信息。

19. 绿化管理

绿植台账：对医院室内室外的绿化台账进行管理，室外绿化与场地模型相互结合，在三维可视化界面中记录场地中每个区域的绿化面积，以及绿化植被种类。当用户在三维可视化界面中，选中某个绿化区域时，可以查看当前区域的绿化面积和绿化植被种类及数量。

室内目前没有绿化模型，以数据列表形式展示每栋建筑及楼层内的绿化面积，配合三维可视化界面，单击建筑可查看当前建筑每层楼的绿化占用率。

10.2.3 技术难点及现阶段解决方案

1. 图样信息丢失

上海第一人民医院项目的模型搭建工作是在建筑物已经建成的基础上进行的，功能区和设施设备与竣工时发生了很多变化，而且最新图样信息丢失严重。

针对这一问题，上海益埃毕建筑科技有限公司提供了驻场办公服务，建模人员办公地点搬至医院，进行现场办公，与院方技术人员进行沟通，确定图样缺失区域，进行现场核实并测量之后再进行模型搭建。

2. 模型需与现场一致

根据图样信息创建出来的模型，只能区分单一的功能区划分，具体路标、门牌号、指示牌以及现场的内装、家具摆设等无法在模型中直观地体现，位置信息无法直接在感观上进行确认。

现场安排人员利用 360°全景相机（图 10-33），对院内门牌号、路标指示、建筑装饰、家具摆放等信息做记录，并根据测量数据对院内各构件创建独有的族库。

图 10-33　全景拍摄

3. 已建平台零散

医院已建的各后勤保障系统：BA 系统、工单系统、消防系统、门禁系统、电梯系统等，各系统的创建时期不同，部分系统没有对外开放的数据接口，且部分系统不允许开放数据接口。

上海益埃毕建筑科技有限公司实行了周例会制度，加强各系统平台之间的沟通交流，且院方领导非常重视及配合，不惜重金采购不同平台所需的设备，积极配合运维平台的搭建工作。

4. 视频监控设备压力

医院共有 670 多个视频监控点，设备流量余量有限，且每个视频点的接入都是高强度、劳动密集型工作。

项目初期只确保医院大通道、重点区域、安全隐患部位约 60 个监控点位的接入，指导客户能后期自行按需求接入视频点，二期建设增加服务器配合并将全部视频点接入。

平台视频监控点示例如图 10-34 所示。

5. 设备原有编码体系不统一

医院现有能耗设备平台编码体系是基于各自专业标准编码体系建设的，BIM 运维平台需要将

图 10-34　视频监控点

种类繁多的设备平台接入统一编码体系。

我们采用手工输入方式，在模型端对各设备信息按统一的属性格式手工输入相关信息，映射绑定对应能耗平台，最终实时接入相关数据信息。

上海市第一人民医院运维全景监控视频可扫图 10-35 所示二维码详细观看。

图 10-35　上海市第一人民医院运维全景监控

第六部分　第三方的企业级 BIM

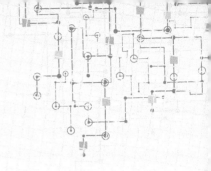

第11章 咨询方的企业级 BIM

第1节 BIM 研发管理体系

对于咨询方企业级 BIM 应用，通常会涉及软件产品的研发。BIM 产品的研发工作在咨询企业中占据比较重要的地位，是提升咨询服务能力和服务水平的重要手段。

对于咨询企业的 BIM 产品研发，多为维护性开发、插件开发以及管理平台的开发等方面，所以研发管理体系也有其独特性，软件开发人员少，根据对 BIM 咨询企业的开发管理的分析，建议咨询企业参考软件企业的管理组织体系来组织咨询类 BIM 产品的开发。

一个咨询企业 BIM 产品团队一般以项目研发为核心，涉及组织管理、技术管理和项目管理，其研发任务与组织管理的关系如图 11-1 所示，BIM 产品项目研发服务于咨询企业的需求，一般情况下咨询企业的研发团队不服务于企业外用户的需求。

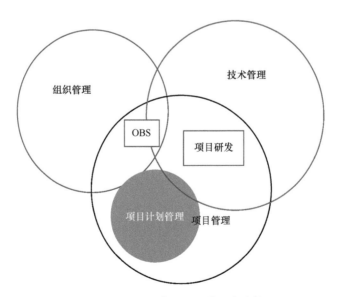

图 11-1　BIM 研发团队工作任务结构

当接收到研发任务后，研发团队会参照软件开发项目的要求成立项目小组，对研发工作成员进行分工，其组织结构如图 11-2 所示。

图 11-2　BIM 产品研发项目组织结构

第 2 节　BIM 企业战略管理

随着全过程工程咨询的开展，BIM 技术在其中的优势逐渐突显。BIM 咨询企业全面的人才结构为企业进行以投资为主线的全过程咨询服务奠定了基础。如果项目策划是 BIM 应用的开始阶段，运营维护则是 BIM 应用价值的体现，做好施工阶段的 BIM 应用是成就这一切的基础。而我国建设工程管理的现状大多是不同阶段由不同的咨询单位实施，切断了数据传递的路线，导致工程应用不能有效协同，据此，国家发展改革委和住房城乡建设部联合下发《关于推进全过程工程咨询服务发展的指导意见》（发改投资规〔2019〕515 号），大力推进全过程工程咨询，打破数据孤岛，形成最终的共享、共赢。作为建设工程项目全过程的参与者，BIM 咨询企业在未来必将迎来更加激烈的竞争，其转型升级也是时局所迫。

在国家大力推进全过程工程咨询服务的大背景下，BIM 咨询企业会根据自身的发展阶段进行自己的企业竞争战略部署，使用 SWOT 分析方法，可以很好地确定 BIM 咨询企业适用的发展战略。

所谓 SWOT 分析，即基于内外部竞争环境和竞争条件下的态势分析，就是将与研究对象密切相关的各种主要内部优势、劣势和外部的机会和威胁等，通过调查列举出来，并依照矩阵形式排列，然后用系统分析的思想把各种因素相互匹配起来加以分析，从中得出一系列相应的结论，而结论通常带有一定的决策性。

运用这种方法可以对研究对象所处的情景进行全面、系统、准确的研究，从而根据研究结果制定相应的发展战略、计划以及对策等。

S（Strengths）是优势、W（Weaknesses）是劣势，O（Opportunities）是机会、T（Threats）是威胁。按照企业竞争战略的完整概念，战略应是一个企业"能够做的"（即组织的强项和弱项）和"可能做的"（即环境的机会和威胁）之间的有机组合。

BIM 咨询企业在面对复杂的内部环境和外部环境下，通过 SWOT 分析方法确定企业应该采取的战略选择，具体分析如图 11-3 所示。

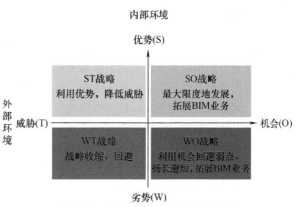

图 11-3　BIM 咨询企业 SWOT 分析

在 BIM 行业大力发展的今天，外部环境为企业发展提供了良好的契机，无论企业处于竞争优势地位还是劣势地位，都应该大力拓展 BIM 业务，扩大企业的经营规模。

第3节 组织架构

11.3.1 BIM 咨询企业组织结构形式选择与部门规划

1. 组织结构形式

常见的组织结构形式可分为五种类型，分别是直线职能型、分部型（事业部型）、模拟分权型、矩阵型和其他型。近年来，随着国内外学者对企业组织结构形式的进一步研究，许多新的组织结构形式也被提出，如网络式、无边界式、虚拟式、扁平式等。专业的 BIM 咨询企业在选择企业的组织结构形式时，通常会根据其所处的战略地位并结合各种组织结构形式的特点进行选择。

（1）直线职能型组织结构 直线职能型组织结构结合了直线式和职能式两种组织结构。这种组织结构形式通常有两种管理方式：一种是设置一个中间管理层直接向最高领导汇报，其中权力的行使和信息的反馈、传达都是直线式的；另外一种是职能机构和人员承担参谋角色，为管理部门提供相关的决策建议和信息。

直线职能型组织结构的突出优点在于它可以从专业化分工中获得较高的效率，避免或尽可能减少人员和设备设施的重复配置。但直线职能型组织结构的明显缺点是存在双重领导的问题，直线参谋式的职能部门不能直接指挥业务部门，要请示最高领导，通过领导来衔接与下达指令，属于集权式的组织结构，这样的结构形式会加重最高决策者负担，影响组织效率。

（2）分部型组织结构 分部型组织结构又称为事业部型组织结构，与职能型组织结构不同，每个分部都是公司内部相对独立的自主单位，是分级管理、分级核算、自负盈亏的一种形式。各分部负责人根据企业的方针、政策、统一制度，全权指挥所属各单位的经营活动，并对总部全面负责。在这种组织结构中，企业总部主要负责制定整个企业方针、做出重大规划决定、协调计划的执行等，属于分权型的组织结构。但其缺点也非常明显，除了某些职能如财务以外，企业对各分部的管控力度受到影响，也容易产生资源重复配置，造成企业管理成本上升。此外，各事业部间相对独立，容易以各自部门利益、部门目标代替企业利益和企业目标，在公司经营过程中产生一定的冲突。

（3）模拟分权型组织结构 模拟分权型组织结构是介于集权制与分权制之间的一种组织结构。在模拟分权型组织结构下，高层管理人员将部分权力分给下属各部门，把精力集中到管理和战略思考上来。其主要缺点在于最高管理者不易于了解各部门真实情况，信息沟通存在着一定的缺陷。

（4）矩阵型组织结构 矩阵型组织结构兼具职能型和分部型的优点，是一种由职能划分的部门和由任务划分的小组所组成的形似矩阵的组织结构。此种组织结构一方面将分部型组织结构对结果的侧重和责任感结合进来；另一方面，保留了职能型组织结构的专业优势。矩阵型组织结构的缺点是：可能出现命令混乱、权责模糊或权责不对等状况，在职能负责人和任务负责人之间容易产生分歧。矩阵型组织结构如图 11-4 所示。

总体而言，直线职能型、分部型、模拟分权型、矩阵型是管理学中最常见的组织结构形式，其他组织结构基本上源自上述四种结构形式的变化和发展。举例来说，全球化区域式管理架构是在分部型的基础上全球化发展延伸的。

2. 组织结构的选择

上述组织结构形式各有其优缺点，咨询企业需要根据自身公司的资源和业务领域选择适合的组织结构进行部门设置。组织结构和部门设置需要考虑 BIM 企业经营环境、战略导向、管理导向、设置效果等多个方面的因素，通常可以用图 11-5 所示的思维导图来做组织结构选择和部门设置。

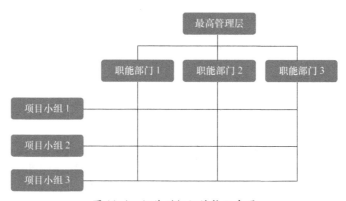

图 11-4　矩阵型组织结构示意图

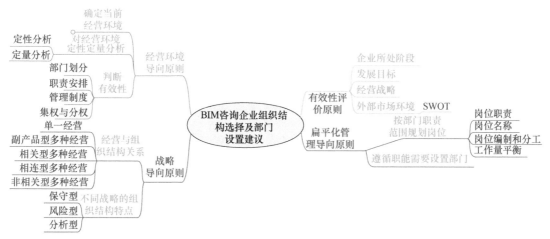

图 11-5　BIM 企业组织结构和部门设置考虑因素

　　决定企业组织结构的因素主要是企业战略，换句话说就是战略决定结构。美国著名学者钱德勒早在 1962 年便提出组织结构因战略而异的观点，同时，由于企业的发展是动态的，因此，没有一种组织结构可以一直适用于企业。企业需要定期根据企业所处阶段、发展目标、经营战略、外部市场环境进行现行组织结构的有效性评价，判断现行组织结构和部门设置是否符合企业发展的需求。定期进行组织结构与部门设置的有效性评价，发现组织结构和管理中存在的问题，在问题形成影响之前做出预判，并进行调整，避免出现较大的管理问题。

　　通常来说，根据咨询企业提供的产品和服务的不同，选择不同的组织结构形式，有些 BIM 咨询企业的业务单一，那么选择职能型比较合适，有些 BIM 咨询企业提供从规划、设计到施工等多种产品和服务，这类 BIM 咨询企业更适合使用分部型（事业部型）结构，BIM 企业根据产品和服务的经营战略来选择组织结构形式的对应关系见表 11-1。

表 11-1　咨询企业经营战略与组织结构设计

经 营 战 略	组 织 结 构
单一经营	职能型
副产品型多种经营	附有单独
相关型多种经营	事业部型（分部型）
相连型多种经营	混合结构
非相关型多种经营	子公司型

　　但是，大部分 BIM 咨询企业主营业务为 BIM 技术咨询，BIM 技术咨询业务的实现形式也

多为咨询项目形式，所以目前业务结构单一的 BIM 咨询企业的组织结构通常以矩阵型组织结构形式为基础，辅助其他形式来组织。第三方企业的主营业务为技术咨询服务，技术咨询服务通常以项目形式进行组织，所以用职能结构辅助项目组织结构而形成的矩阵型管理模式符合咨询企业级 BIM 应用的模式，具体的组织结构设计和部门职能分工也按矩阵型结构进行组织，将在下一部分详细阐述。

3. 部门设置

一个 BIM 咨询企业的部门设置取决于组织结构的选择，根据业务范围的不同，可以选择如图 11-6 所示来设置，除了基础职能部门（包含综合管理、人力资源、财务和法务等）以外，其他各部门都根据企业实际的业务来设置。

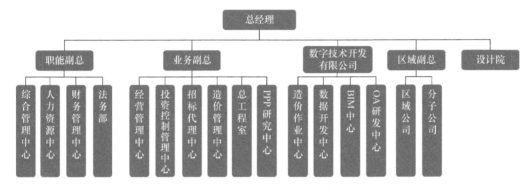

图 11-6　典型第三方 BIM 咨询企业的部门设置图

对于咨询企业以项目为导向的矩阵型组织结构，可以使用项目管理制度来补充，一个典型的项目管理组织结构如图 11-7 所示。

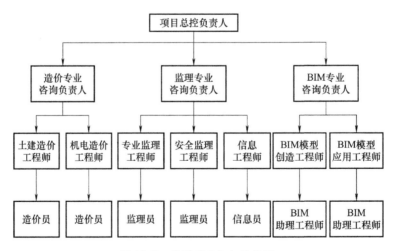

图 11-7　典型项目组织结构图

11.3.2 职责分工

利用统一的 BIM 技术平台进行项目管理部和总部的协同管理，发挥技术和人员优势，及时对项目问题进行纠偏，对技术难点提供方案支撑等，形成"小前端，大后台"的轻量化瘦客户端管理模式。

同时 BIM 技术平台可以开放部分服务给专业分包单位和审计单位等，用于过程中的协调沟通，方便相关试验报告、验收记录和工程量等资料的查看。作为 BIM 全过程工程咨询的典型案例，通常的组织结构如图 11-8 所示。

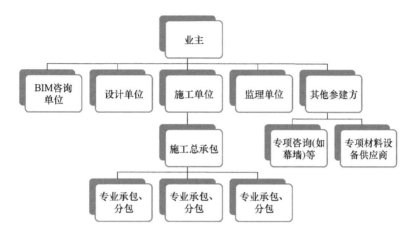

图 11-8　咨询企业在项目计划中的组织结构模式图

各单位的主要工作职责如下：

1. 业主单位

1）设计阶段审核 BIM 模型的设计合理性，以及分析管综的净高。

2）对施工阶段的 BIM 实施与应用提出需求。

3）审定、批准施工阶段 BIM 实施方案。

4）审定施工阶段的 BIM 技术标准和工作流程。

5）主持施工图模型会审与交底会。

6）监督检查 BIM 各方工作进度、质量情况，验收施工阶段 BIM 交付成果。

7）上传、发布、归档权限内的工程数据与资料至 BIM 协同平台，执行平台中的项目管理流程。

8）协助 BIM 咨询单位对 BIM 各实施与应用方的工作协调。

9）参与 BIM 工作例会、协调会和 BIM 技术培训。

10）组织建设单位竣工模型的整理与归档。

2. BIM 咨询单位

1）牵头制定施工阶段 BIM 实施方案。

2）组织施工图模型会审与交底会，负责模型交底与答疑，移交施工图模型。

3）审核施工总包单位深化的 BIM 技术标准和工作流程。

4）总体管理协调 BIM 实施与应用各方，对施工阶段 BIM 实施与应用的进度、质量进行管控和把关。

5）审核把关施工阶段的 BIM 交付成果，提出审核意见。

6）上传、发布、归档权限内的工程数据与资料至 BIM 协同平台，执行平台中的项目管理流程。

7）管理、维护协同平台和协同工作机制。

8）组织或参与 BIM 工作例会、协调会和 BIM 技术培训。

3. 设计单位

1）配合 BIM 咨询单位，提供深化、维护模型所需的设计数据、图样及相关资料。

2）参与施工图模型会审与交底会，辅助交底与答疑。

4. 监理单位

1）制定监理单位的 BIM 实施方案，包括 BIM 管理的人力资源配置、软硬件配置、工作流程、BIM 监理工作大纲、监理实施细则，提交 BIM 咨询单位。

2）参与施工图模型会审与交底会，提出会审意见。

3）协助 BIM 咨询单位对施工总包、分包单位的 BIM 实施和应用进行监督和审查。

4）比对 BIM 模型与二维设计文件，核查模型或设计文件中可能存在的问题，提出核查意见。

5）运用 BIM 施工图模型、4D 进度模型等各阶段 BIM 交付成果进行日常监理工作。

6）利用 BIM 模型等应用成果与工程现场情况进行比对，通过移动终端进行现场核查，准确记录、上传、同步现场造价、进度、质量、安全信息与数据至模型中，同步审核、更新直至最终的 BIM 竣工模型。

7）定期提供含有 BIM 模型信息的现场进度、质量、安全和造价方面的监理报告，并进行总结和汇报。

8）利用 BIM 模型等应用成果辅助现场协调、分部分项工程验收、隐蔽工程验收和竣工验收。

9）参与 BIM 工作例会、协调会和 BIM 技术培训。

5. 施工单位

1）制定自身的 BIM 实施方案，包括 BIM 各项应用点技术方案、团队架构、软硬件配置、工作流程等内容，提交 BIM 咨询单位。

2）指派 BIM 负责人，组建满足各专业 BIM 实施要求的 BIM 建模及应用团队。

3）制订施工阶段 BIM 实施计划，提交 BIM 咨询单位和业主单位，批准后执行。

4）参与施工图模型会审与交底会，提出会审意见。

5）根据设计阶段 BIM 技术标准及施工阶段 BIM 应用要求，深化制定施工阶段 BIM 技术标准，提交 BIM 咨询单位和业主单位，批准后执行。

6）接收并沿用设计模型，根据施工阶段 BIM 技术标准，深化、调整及建立全专业施工作业模型，负责模型的协调整合、更新与维护，形成最终竣工模型。

7）建立深化设计模型，优化深化设计质量，并确保深化设计图和模型保持一致。

8）根据招标文件、合同文件等项目 BIM 应用要求，负责施工阶段 BIM 各项应用实施、协调。

9）交付施工阶段 BIM 成果。

10）组织或参与 BIM 工作例会、协调会和 BIM 技术培训。

职责划分可以用表 11-2 来表示。

表 11-2　职责划分表

序号	项　　目	BIM 咨询单位	建设单位	其他相关方
1.1	制定 BIM 实施目标及任务	P		
1.2	确定 BIM 组织方式	P		
1.3	确定相关单位职责	P		

（续）

序号	项　目	BIM 咨询单位	建设单位	其他相关方	
1.4	确定 BIM 实施细则	P	R		
1.5	制定 BIM 实施总体计划	P	R		
1.6	确定 BIM 项目管理规划	P	R		
1.7	开通项目协同平台并分配各参与方协同权限	P			

序号	项　目	BIM 咨询单位	建设单位	设计单位	其他相关方
2.1	审核土建模型的合理性	P	R	S	
2.2	机电各专业管道综合净高分析	P	R	S	
2.3	管道综合优化	P		S	

序号	项　目	BIM 咨询单位	建设单位	工程监理	施工总包
3.1	制定施工阶段实施方案	S	R		P
3.2	施工图模型审查交底	P		R	S
3.3	施工作业模型	R		R	P/I
3.4	施工方案模拟	R		R	P/O
3.5	构件预制加工	R	R	R	P/O
3.6	基于 BIM 的项目管理	P/O	R	S	S
3.7	现场质量与安全管理	R		P/O	S
3.8	施工单位成本管控	R		R	P/O
3.9	4D 进度控制	R		R	P/O
3.10	协同平台管理与维护	P	S	S	S
3.11	施工 BIM 模型变更及造价调整	R		R	P/I
3.12	构建竣工模型	R		R	P/I
3.13	培训服务	P	S	S	S

序号	项　目	BIM 咨询单位	建设单位	运营单位	其他相关方
4.1	制定运维阶段实施方案	S	R	P	
4.2	搭建基于 BIM 的运营系统	R		P	
4.3	交付运营模型	R		P/I	

注："P" = 执行主要责任、"S" = 协办次要责任、"R" = 审核、"I" = 建模、"O" = 应用、空白 = 需要时参与。

第4节 培训体系

11.4.1 培训组织及培训标准

培训是 BIM 咨询企业提供服务的重要组成部分，咨询企业在提供咨询服务的时候通常都有培训的内容，培训是在帮助客户接受咨询服务，也是服务交付过程中的一个重要环节。作为咨询企业培训体系的建设，通常从以下几个方面进行培训的规划和实施。

1. BIM 咨询企业的培训体系

BIM 咨询企业的培训可以分为两种，即针对所服务项目开展的培训和专项培训。前者是为了完成项目而必须做的培训，后者是为提升企业或社会对 BIM 的认知以及技术推广或产品推广而做的培训，但是不管是哪一种培训，都需要建立 BIM 咨询企业的培训体系。BIM 咨询企业的培训体系建设包括培训架构和体系、培训制度体系、培训资源建设体系以及培训运营体系等几个部分，具体内容见表 11-3。

表 11-3 培训体系内容及其标准

序　号	培 训 体 系	体系建设内容以及标准
1	企业的培训架构和体系	(1) 培训商业模式 (2) 培训模块与体系 (3) 培训管理团队
2	培训制度体系	(1) 培训管理制度 (2) 讲师管理制度 (3) 培训合作方管理制度 (4) 课程开发管理制度 (5) 培训网络营销管理制度 (6) 培训实施操作管理制度
3	培训资源建设体系	(1) 讲师库 (2) 培训合作方库 (3) 培训课程库 (4) 培训班库
4	培训运营体系	(1) 需求策划 (2) 计划组织 (3) 实施方案 (4) 评估流程 (5) 项目管理

2. 体系建设

BIM 咨询企业的培训体系建设是分阶段、分步骤推进的，培训体系的建设分成以下几个阶段：

（1）制度建设和团队建设阶段

1）制定并完善培训管理制度。

2）建设培训管理团队。

3）组建内部培训师团队。

（2）培训资源建设阶段

1）完善培训课程体系。重点开发一线员工的业务技能与服务意识培训课程和中层以上员工职业素质培训课程。

2）大力开展新员工培训、系统专业培训、营销培训、管理培训、储备人才培训等相关培训。

3）做好培训项目的策划和宣传工作。培训项目的开展应通过精心的培训项目策划提高培训的有效性，并通过合理的宣传工作，营造良好的培训氛围。

（3）培训效果评估改进工作

为保证培训工作的效果，确保 BIM 咨询服务满足项目的需要，将通过满意度、知识层、行为层、业绩层等四个层次的培训效果评估结果，及时改进教材内容、讲师与授课方式、培训组织、培训跟进等方面的工作，以改善培训效果，从而使培训体系更符合公司业务发展以及员工个人发展的需要。

11.4.2　培训实施及评价

当制定好 BIM 培训的架构和制度，并建立起培训的基础资源之后，培训的实施和运营是检验培训体系设置是否合理的主要方式，在培训的过程中反馈培训效果，积累培训资源库，不断提升培训的质量和培训的效果。为了增强培训效果，在 BIM 的培训实施以及评价过程中，主要注意以下几个方面：

1. BIM 培训目的

咨询企业在进行培训之前一定要明确企业自身的培训目的，它是指导培训工作的基础，也是衡量培训工作效果的标准。企业培训的直接目的是提高学员的知识、提高学员的能力和技术水平。

2. BIM 培训组织

良好的培训组织是企业提高 BIM 培训效果的关键，也是实施培训工作的保证。加强培训组织主要表现为：

1）组成培训领导小组负责整个企业的培训组织领导工作。培训领导小组可由总经理、人力资源部经理（总经理助理）、两位员工代表组成，由总经理负责。培训领导小组负责制定公司的长、中、短期培训计划。

2）保证培训经费，培训资金应专款专用。

3）规定培训时间，培训时间的保证是培训效果保证的基本条件。

4）加强培训的监督与管理。对培训经费的划拨和使用、培训计划的编制及实施进行监督与管理。

3. BIM 培训计划

BIM 培训计划是实现培训目的的具体途径、步骤、方法。培训计划应由培训任务负责人根据培训的目的在进行培训需求调查分析的基础上制定。其主要包括：

1）培训需求分析。培训需求分析主要包括任务分析和人员分析。任务分析包括核对项目合同要求，了解某项目工作的具体内容，分析完成该工作所需的各种技能和能力。通过任务分析确定参训人员培训的内容。人员分析是分析哪些人员需要参加培训，哪些不需要参加培训，此项可通过绩效评估完成。

2）制订 BIM 培训计划。培训计划应包括培训目的、培训对象、培训内容、课程体系、培训时间、培训地点、培训方法、培训费用。

4. BIM 培训效果评估

为了增强培训效果，需要对参训人员的每一个培训项目进行评估，通过评估可以反馈信息、诊断问题、改进工作。评估可作为控制培训的手段，贯穿于培训的始终，使培训达到预期的目的。

培训评估主要包括以下几个部分：

1）培训过程中评估培训项目包括哪些内容，参训人员对此是否感兴趣。

2）培训后评估参训人员学到了什么。参训人员对经营管理是否有促进，对企业应用 BIM 技术认识有没有提升，技术水平是否有提升。

培训效果的评估可采用问卷调查、访谈、对比分析等方式。

项目应用培训分为固定教材的项目培训和客户真实项目的应用培训两种形式，针对客户真实项目的应用培训，需要两条腿走路。一条腿是以完成项目为导向，先做项目，再做总结，再培训。培训咨询师需要有丰富的行业经验，对项目进行分析，采用合理的 BIM 工作流程和方法开展项目工作。另外一条腿就是咨询单位本身需有专业团队参与项目，以保证项目能按时完成。

培训工作贯穿于咨询企业的日常业务中，是非常重要的业务环节，也是提升企业技术、服务水平的重要手段。

第5节 实 施 体 系

1. BIM 实施价值链

对于工程设计施工人员来说，最痛苦的事情莫过于因"错漏碰"而引起的返工，而协同设计能够有效地避免"错漏碰"。但是，这只是协同设计管理优点的一个很小的部分。BIM 实施的巨大价值还体现在规划、概念设计、施工图设计、分析、出图、预制、4D/5D 施工以及运行维护和拆除过程中。

2. BIM 协同设计实施

基于建筑信息模型（BIM）技术的协同设计是建筑工程行业未来发展的趋势，在不同的阶段，其工作内容也有所不同（图 11-9）：

1）前期准备阶段。该阶段作为协同设计的基础，首先对设计项目进行定位评审，通过审批后，主要工作有两项：一是完成 BIM 模型质量交付标准、建模精确度的选定工作以及确定 Revit 软件中坐标、样板等技术准备事宜；二是建立 BIM 模型平台，包括统一各专业模板文件，统一轴网、标高系统，建立各专业 BIM 模型文件及链接组装。在同一专业 BIM 模型中建立中心文件夹，根据需求划分工作集并设定相关权限，流程构架按照建筑、结构、机电三种专业来进行划分，建立 BIM 平台、中心文件、本地文件，各设计人员应严格按照 BIM 设计流程进行设计，实现共同设计建模及后续流程协同。

2）方案设计阶段。在方案设计阶段，设计单位按业主需求进行建筑方案设计，主要以建筑专业设计人员专业内协同设计为主，同时结构、机电等其他专业设计人员即时参与，也存在专业之间的设计，在方案设计中，结构设计师、机电设计师在建筑设计师建立的建筑 BIM 模型基础上，根据各自专业的需求进行设计，完成各专业 BIM 模型，共同完成初期协同过程。协同方式以工作集协同方式为主，兼有文件链接方式。

3）施工图设计阶段。在施工图设计阶段以多专业协同设计为主，主要工作是对各专业的碰撞冲突等问题进行处理及优化，不断修改完善专业设计，完成专业间的协调作业，将建筑 BIM 模型相对应的结构 BIM 模型、设备 BIM 模型进行组合，完成各专业的整体模型，并以满足相应专业规范为前提，在 BIM 协同设计平台上将多专业模型组合成一个全信息中心 BIM 模型，进行碰撞检测及优化，生成 BIM 施工模型与二维施工图，指导后续的生产、施工过程。此阶段协同方式以文件链接方式为主，并含有地方文件信息微调的工作集方式。

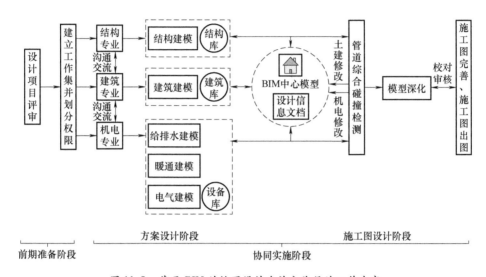

图 11-9　基于 BIM 的协同设计咨询分阶段的工作内容

11.5.1 作业流程和作业标准

对于 BIM 咨询企业在实施 BIM 项目时，最先需要了解的是 BIM 咨询项目的作业流程和作业标准，国家已经陆续发布了国家标准，针对不同的行业，也有不同的行业标准正在完善中。

1. 作业流程

一般情况下，一个 BIM 咨询项目的全生命周期包含了商务洽谈、技术研讨、实施和项目总结等步骤，具体包括：

1）客户有项目意向联系销售，并提供大概的项目信息。销售和技术总监及相关项目经理共同做前期项目分析，商定初步的项目人工工时和报价，销售做《项目建议书》。

2）客户收到《项目建议书》确定项目意向后，项目经理需主动和客户相关负责人联系获取项目相关资料；资料收集完成后提交技术总监由总监主持召开"项目资料分析会议"确定项目工时和服务项并形成《项目技术纪要》（以下简称《纪要》），《纪要》交给销售后制定《项目合同》；之后项目经理需与客户反复交涉合同服务内容至最终合同确定。项目经理在与客户交涉中需最大限度坚持《纪要》中的决定，如确实需要修改变动时需召开技术分析会议讨论决定。

3）收到客户《项目合同》及《项目任务书》后由项目经理主持召开"项目准备会议"确定

工作安排并制定《项目进度计划》、《项目文件目录》、项目样板". rte"文件。

4）项目开始后项目经理每天早上发放《项目进度控制表》于项目个人，每天下班前填写《项目进度控制表》的完成情况并于下一天早上发送上级负责人。

5）项目个人每天下班前需将当天完成的项目文件提交给项目经理，项目经理整理项目文件上传到公司文件服务器上做备份。

6）项目发生临时情况需调整时，项目经理需召开"项目临时调整会议"并分析项目情况确定调整方案形成会议纪要。

7）项目进展到合同规定的阶段时需提交满足该阶段的项目成果，项目阶段成果打包发送至销售，待项目款及手续完善后发给客户；项目经理需召开"项目阶段分析会议"分析阶段成果与问题，总结经验及时调整。

8）按照《项目合同》完成项目任务后，项目经理需整理项目成果打包发送至销售并做好项目备份；项目经理需召开"项目总结会议"总结项目经验和技术成果。

2. 作业标准

标准按不同的级别分为国家标准、行业标准、地方标准和企业标准，还有一些国内外通用的国际标准。自 2010 年以来，针对 BIM 技术的应用，国家先后发布了以下一些国家标准：

1）《建筑信息模型应用统一标准》（GB/T 51212—2016）。

2）《建筑信息模型分类和编码标准》（GB/T 51269—2017）。

3）《建筑信息模型施工应用标准》（GB/T 51235—2017）。

4）《BIM 建筑电气常用构件参数》（16DX012-1）。

5）《建筑信息模型存储标准》（GB/T 51447—2021）。

6）《建筑信息模型设计交付标准》（GB/T 51301—2018）。

7）《"多规合一"业务协同平台技术标准》（征求意见稿）。

一些地方标准，比如：

1）北京市质量技术监督局、北京市规划委员会：《北京市民用建筑信息模型设计基础标准》（DB11/T 1069—2014）。

2）上海市城乡建设和管理委员会：《上海市建筑信息模型技术应用指南》《建筑信息模型应用标准》（DG/TJ 08-2201—2016）。

3）广东省住建厅：《广东省建筑信息模型（BIM）技术应用费用计价参考依据》。

4）深圳市建筑工务署：《深圳市建筑工务署政府公共工程 BIM 应用实施纲要》。

5）四川省住建厅：《四川建筑工程设计信息模型交付标准》（DBJ51/T 047—2015）。

6）江苏省住建厅：《江苏省民用建筑信息模型设计应用标准》（DGJ32/TJ 210—2016）。

7）福建省住建厅：《福建省建筑信息模型（BIM）技术应用指南》。

8）广西住建厅：《建筑工程建筑信息模型（BIM）施工应用标准》。

9）海南省住建厅：《海南省装配式建筑示范管理办法》。

10）河南省住建厅：《民用建筑信息模型应用标准》（DBJ41/T 201—2018）、《市政工程信息模型应用标准（道路桥梁）》（DBJ41/T 202—2018）、《市政工程信息模型应用标准（综合管廊）》（DBJ41/T 203—2018）。

11）湖南省住建厅：《湖南省建筑工程信息模型设计应用指南》《湖南省建筑工程信息模型施工应用指南》。

各企业也根据企业需求制定企业自己的 BIM 实施指南标准：

1）中国中铁：《中国中铁 BIM 应用实施指南》。

2）中建西北院：《中建西北院 BIM 设计标准 1.0》。

3）上海申通：《城市轨道交通工程建筑信息模型建模指导意见》。

4）万达集团：《万达轻资产标准版 C 版设计阶段 BIM 技术标准》。

BIM 咨询企业在开展 BIM 业务时，应当遵循国家标准和地方标准，同时还有委托方所要求的标准。

11.5.2 实施方案

BIM 咨询项目一般以基于 BIM 技术的工程管理咨询为主要内容，涵盖了从建设单位、勘察设计单位到施工单位，其内容体系如图 11-10 所示。项目的实施都围绕着这些内容的全部或者部分来开展。

项目实施方案是 BIM 咨询企业开展 BIM 咨询服务工作的纲领性文件，BIM 实施方案的内容根据不同的项目类型也会有所不同。一般来说，BIM 咨询业务主要包括以下几种类型：

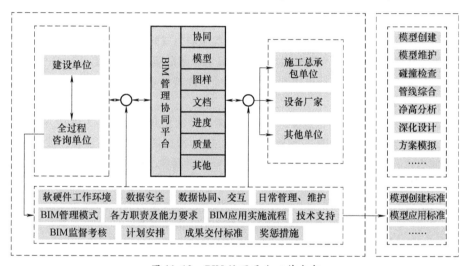

图 11-10　BIM 协同平台工作内容

1）软件应用培训。

2）建模服务——设计查错，管线综合。

3）工程量分项统计。

4）四维施工模拟。

5）施工招投标服务。

6）BIM 施工图应用体系服务（包括异型建筑）。

7）BIM 应用定制服务。

8）BIM 绿色建筑分析应用。

9）BIM 施工阶段应用。

10）BIM 竣工模型及后期应用。

除了软件应用培训只需要制定培训方案外，其他类型的项目通常会包括有以下几个部分：

1）BIM 技术背景以及方案编制说明。

2）项目概况。

3）项目的组织结构，人员安排。

4）目标及计划，列出分阶段的工作计划和成果。

5）服务内容解析，列出所有工作内容以及分析 BIM 的价值。

6）交付成果的要求和说明。

项目实施方案制定完成后，一般通过项目启动会的形式确定下来，作为整个 BIM 咨询项目的整体纲领性文件存在，指导整个项目的完成。

第6节　项目实施效果评价体系

在项目实施阶段，第三方企业专注于 BIM 技术的全过程应用，专注于采用 BIM 技术将建设工程各参与方有机结合起来。因此第三方企业在项目实施过程中需要了解各参与方的技术特点、技术力量以及资源分配情况，才能制定项目实施的策划方案。

《企业建筑信息模型（BIM）实施能力成熟度评估标准》（T/SC 0244638L18ES1）是评价第三方企业 BIM 实施水平和能力的评价体系。企业 BIM 实施能力成熟度是企业 BIM 技术综合实施能力成熟度的多维度体现，具体包括六部分内容：项目概况、团队组织、模型数据、全生命周期应用、创新拓展、认可度。具体评价指标可以参考《工程项目建筑信息模型（BIM）应用成熟度评估标准》（T/SC 0244638L18ES2）。

企业 BIM 应用主要涉及战略、过程、技术三要素，将建立 BIM 应用能力评估方法问题分为三个结构层次，即目标层（构建 BIM 应用能力评估方法）、准则层（技术、过程、战略三要素）和指标层（具体的评价指标，分为 3 大类共 11 种），坚持全面性、独立性、系统性、层次性和差别性等原则保证所取指标的科学合理性。

对于咨询企业来说，知识的积累，标准的建立和完善以及案例的丰富是 BIM 咨询企业成长过程的体现，咨询企业在 BIM 咨询项目的完成过程中，不断地丰富其知识水平，有条件的企业要建立企业的 BIM 技术资源库。制定企业自己的 BIM 设计标准、实施标准等，在项目不断实施过程中，总结 BIM 技术的实施案例并不断丰富。

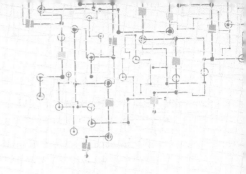

第 12 章　监理方的企业级 BIM

第 1 节　工程监理企业的工作原理机制

我国工程监理的工作原则是"四控两管一协调","四控"是安全控制、质量控制、进度控制、成本控制,"两管"是合同管理、信息管理,"一协调"是协调内外部关系。它与施工企业的"三控三管一协调"管理思路基本一致。但是工程监理企业与施工企业的管理方式有着很大的差别,施工企业对待工程项目的态度是通过精细化管理对人、料、机进行统筹安排,从而产生合理的回报;而监理企业则纯粹是服务型企业,属于技术密集型企业。

在单个项目上,监理企业的投入全部是高端技术人才和管理人才,不存在技术工人和原材料等投入。正因为以上原因也导致了监理项目费用的组成也相对单一。所以监理企业的主要工作机制是监督和协调,在项目规模固定的情况下没有增加人力和物力等投资的理由和动力。所以不管在何种条件下监理企业能够做到的是提高管理人员的素质,包括技术水平和管理水平、管理理念等。

第 2 节　监理方的企业级 BIM 框架设计

随着我国建筑业信息化的蓬勃发展,BIM 技术融入了建筑业的全过程管理中,作为现阶段的监理企业也不可避免地被卷入到 BIM 浪潮中。那么监理企业如何面对呢?如何做到既不增加人手的同时又能够稳操胜券呢?管理人员知识结构的调整就成了当下监理企业的重要话题。下面就从下至上逐步分析监理行业应对 BIM 技术发展的策略。

首先从项目说起,由于监理方的费用属于服务费,费用相对固定。所以投入的管理人员原则上不会增加,那么就要求现场的管理人员具备一定的 BIM 基础和基本应用常识。首先要求所有的管理人员能够识读 BIM 模型,这样才有可能顺利地管理项目。其次对于整个管理班子来说,根据项目规模的大小,至少需要配备 1～2 名 BIM 技术主力。项目总监由于协调工作量巨大,不可能成为 BIM 实施的主力军,那么作为项目总监的助手,总监代表可以成为 BIM 技术的主力军,专业监理工程师也可以成为 BIM 技术的主力军。这里要强调一下,BIM 技术的实施需要一定的技术底蕴,普通的监理员较难胜任该项目的 BIM 骨干。这样分析下来即可得出一个结论,监理企业没有条件在现场派驻专业的 BIM 团队，可以以兼职的形式为主，这样就要求监理企业在做企业级 BIM 框架设计的时候对待现场的态度是输出具备 BIM 能力的复合型人才，对现场的管理人员要定期培训和考核，对项目的 BIM 实施应不定期检查和实时监督。

对于监理企业的企业级 BIM 管理部门，既要考虑应对常规的项目，对设计部门或者施工企业提供 BIM 模型的项目进行管理，还应考虑个别项目业主方直接委托给监理企业进行全过程管理和控制，这就要求监理方的企业级 BIM 部门具备一定的实力，对于 BIM 的建模、深化、信息管理、协调等 BIM 应用能力达到应有的水平。总结下来就是：监理企业的 BIM 总监下属可配备建模团队、深化团队、信息化管理团队、培训团队、少量的 IT 维护人员（也可外包）、对外（项目）监管协调团队。同时，对于常规项目和重点项目应分别对待，两条线同时考虑。

第 3 节　监理方的企业级 BIM 人力资源配置

通过对监理企业的 BIM 需求分析，我们不难得出 BIM 技术的人力资源需求方案。对于小型监理企业（乙级及以下资质和分公司）只需配置少量监管人员、协调人员，培训团队可以自行配备也可委托专业机构代为培训。派驻现场的 BIM 技术骨干应由 BIM 专属部门统一管理。无须配备专业建模团队和深化团队，复杂项目和技术难题可以适量增加技术人员完成即可。具体人员数量根据企业规模大小和承接项目的特点具体对待。大型监理企业（甲级或综合甲级资质）则需要配备专业的建模团队和深化团队。

之所以分开设置，一是为了分工明确，职责明确，管理明了；二是建模团队和深化团队对于专业知识的要求深度不同，分开设置可以适当减轻企业成本支出，同时可以提高工作的熟练程度，大大增加工作效率。

同时监理企业 BIM 部门应配备信息化管理团队，负责数据的收集和整理并进行分析与评价，这对企业的整体技术水平的把控和长期发展是至关重要的。由于监理企业信息化程度的不断提高，配备少量的 IT 专职技术人员可以随时监控各种设备的运行，以保证各种设备的正常运行。当然也可以考虑自主监控加外包维护维修结合的方式，从而给企业减少支出。对于大型的监理企业，承接的项目众多，形势不同，复杂程度不一，所以还需配备一定的对外协调人员，用于监督驻场 BIM 主力的实施情况、质量和进度等，对于业主委托的 BIM 管理项目甚至需要直接面对各方主体，进行技术交底和协调沟通。要配备以上所述的队伍和驻场 BIM 主力，并保证良好的运行状态，培训和考核机制必不可少，所以大型的监理企业应当配备专业的培训人员或者团队，以保证 BIM 部门的正常运营和技术升级。

综上所述不难看出，不管小型监理企业还是大型监理企业，配备专职 BIM 技术部门进行统一管理是很有必要的。

第 4 节　监理方的企业级 BIM 岗位职责

一家具备成熟的 BIM 能力的监理企业，它的企业级 BIM 专职部门是一个重要的复杂体系。它可包括以下岗位：BIM 总监、建模团队、模型深化团队、信息化管理团队、培训讲师团队、IT 维护团队、对外协调 BIM 团队、驻场 BIM 工程师。以上之所以称为团队，而不是某某部门，主要考虑监理企业的规模大小不一，部门分工机制不同，企业顶层设计各有千秋，其团队规模也不尽相同。以下分别对上述所述的岗位职责进行简单描述。

（1）BIM 总监

1）配合决策层对 BIM 项目做决策，制订 BIM 团队工作计划。

2）建立并管理项目 BIM 团队，确定各角色人员职责与权限，定期进行培训和绩效管理。

3）确定项目中的各类 BIM 标准及规范。

4）负责对 BIM 工作进度的管理与监控。

5）负责各专业的综合协调工作（阶段性管线综合控制、专业协调等）。

6）负责 BIM 交付成果的全面管理，包括阶段性检查及交付检查等，组织解决存在的问题。

7）配合业主及其他相关合作方检验，并完成数据和文件的接收和交付。

8）负责设计环境的保障监督，监督并协调 IT 服务人员完成项目 BIM 软硬件及网络环境的建立。

9）完成直属经理交办的其他任务。

（2）建模团队

1）贯彻执行国家颁布的法规、规范，严格执行合同文件的有关条款要求及管理规定。

2）依据图样数据、规划设计图、设计图纸说明等其他文件，对整个项目的施工及场地布局进行 BIM 模型设计和模拟。

3）依据创建的 BIM 模型，对项目整体设计中各专业图样数据的准确性进行验证，同时对专业间和专业内的冲突干涉问题进行检测分析与冲突检测。

4）在创建的 BIM 模型中对各个施工关键点进行施工模拟，配合工程部门对施工关键点进行论证，达到关键施工不同的可视化方案论证。

依据创建的 BIM 模型，配合工管、物资部门结合施工图和工程施工进度计划，审批材料进场计划。

5）通过 BIM 模型对施工过程的数据信息进行集成和共享，获得实时的可视化施工进度信息，并输出已完成工作的工程量，为进度的监测提供准确的实时度量数据；实现对项目施工进度的有效控制。

6）基于 BIM 技术的模型系统，利用工程算量软件计算出施工各阶段相应的工作量，配合计划部门计算出预算生产成本估计或资金计划，得到成本动态模型，在进度控制的前提下实现成本控制。

（3）模型深化团队　利用专业知识，对设计模型进行深化，包括对各类专项施工方案、实施计划给予补充。

（4）信息化管理团队　负责收集、整理各部门、各项目的构件资源数据及模型、图样、文档等项目交付数据；负责对构件资源数据及项目交付数据进行标准化审核，并提交审核情况报告；负责对构件资源数据进行结构化整理并导入构件库，并保证数据的良好检索能力；负责对构件库中构件资源的一致性、时效性进行维护，保证构件库资源的可用性；负责对数据信息的汇总、提取，供其他系统及应用使用。

（5）培训讲师团队

1）根据公司安排准备授课讲义，负责培训课程线上及线下的教学实施。

2）负责解答学员问题。

3）撰写培训报告，反馈、评估培训效果。

4）参与部分 BIM 培训课程的完善及研发，编制相应的培训教材。

5）了解行业新动态，学习掌握新技术。

（6）IT 维护团队　负责针对企业实际业务需求的定制开发工作，现阶段重点开发方向为针对 BIM 应用软件的效率提升、功能增强、本地化程度提高等方面。其主要工作内容包括：需求调研、可行性评估、应用开发、测试、客户培训、技术支持、后续维护等。

（7）对外协调团队　检查现场施工与模型不一致的地方，要求现场进行整改，将现场数据传送至服务器，并记录整改过程。

（8）驻场 BIM 工程师　负责收集施工现场数据，与模型深化团队沟通协调，利用模型对现场实施人员进行交底。

第 5 节　监理企业 BIM 部门的软硬件配置

对于实施 BIM 技术所需的硬件配置，几乎所有企业都差不多，需要根据企业规模的大小和需求来确定硬件的配置与数量，包括数据库服务器、交换机、终端计算机、手持设备等，所不同的是数据库服务器的架构层级，规模大的企业需要考虑减轻总存储服务器的访问负荷。此时需要按业务拆分和分布式部署的原则分配中转服务器，只要有需求，理论上可以无限地增加各层面的服务器来应对。

12.5.1 监理企业 BIM 部门的软件配置

BIM 软件是支持 BIM 技术发展的前提条件，所以对于 BIM 软件的选择就显得尤为重要。这里概括为一句话：专业的软件做专业的事情。选择 BIM 软件的原则是：容易上手，成本适中，适合行业，交互性能良好（格式兼容性好），大众化，符合大部分人员的操作习惯。下面仅就常用的一些 BIM 软件特性进行简单描述，供监理企业 BIM 部门选择。

1）Autodesk Revit，目前运用最为广泛的 BIM 软件，市场占有量较大，三维实体模型与平、立、剖、明细表双向联动，一处修改，处处更新。

2）Autodesk Navisworks，对主流的三维设计软件的格式均可兼容，主要功能包括模型浏览、各专业协调、施工过程的模拟。它可以按照轻量化的方式浏览 Revit 创建的模型，降低了对计算机的配置要求；可添加各种超链接，将监理所需资料整合在一起，方便管理。

3）Autodesk Civil 3D，在市政道路的应用中有较为突出的表现。

4）Autodesk 3DS Max，三维动画渲染和制作软件，提供更为真实的材质与场景表现。

5）Bentley MicroStation，在国际上与 CAD 齐名。可以轻松地查看、建模、记录和可视化任意规模和复杂程度的项目。在测绘、工业建筑、道路桥梁上的表现比 Revit 更为抢眼。但在国内的市场份额远小于 Revit，行业交流与软件学习可能会增加一些麻烦。

6）Graphisoft ArchiCAD，专业的建筑施工图设计软件，可利用 ArchiCAD 虚拟建筑设计平台创建的虚拟建筑信息模型进行高级解析与分析，如绿色建筑的能量分析、热量分析、管道冲突检验、安全分析等。对计算机的配置要求较低。但在跨专业协调中，ArchiCAD 创建的三维模型只能通过 IFC 标准平台的信息交互，造成了沟通的不便和信息的丢失。

7）Tekla 施工图深化软件，在钢结构领域占据主流地位，可保证钢结构详图深化设计中构件之间的正确性，同时自动生成各种报表和接口文件，可以服务（或在设备直接使用）于整个工程。在钢筋混凝土结构的运用上并不广泛。

8）Dassault CATIA，是全球最高端的机械设计制造软件，在航空、航天、汽车等领域具有接近垄断的市场地位，应用到工程建设行业无论是对复杂形体还是超大规模建筑，其建模能力、表现能力和信息管理能力都比传统的建筑类软件更具优势，然而高额的软件费用与漫长的学习路程让国内企业望而却步。

9）Dassault DELMIA，提供目前市场上最完整的 3D 数字化设计、制造和数字化生产线解决方案。通过前端 CAD 系统的设计数据结合制造现场的资源（2D/3D）。通过 3D 图形仿真引擎对整个制造和维护过程进行仿真和分析。得到诸如可视性、可达性、可维护性、可制造性、最佳效能等方面的最优化数据。与 CATIA 数据无缝对接，广泛应用于制造业中。

10）PKPM-YJK，国内结构设计软件主要供应商，主要运用于结构受力计算与分析。可利用插件导出到 Revit 中进行后续的运用，无法添加各类信息。

12.5.2 监理方的企业级 BIM 流程梳理

前面说过，监理方的企业级 BIM 通常有两条线，也可以认为是两种形态：常规的 BIM 管理项目和业主委托的 BIM 管理项目。常规的 BIM 管理项目由设计院提供完整的模型，或者由施工单位提供深化模型，监理企业作为现场一分子有必要具备 BIM 能力，从而参与管理与协调；业主直接委托的 BIM 管理项目或者全过程咨询项目，主要是基于监理企业得天独厚的协调地位，从这一点来说委托监理单位实施 BIM 总协调也无可厚非。下面仅就这两种形态分开进行描述，监理企业可以基于这两种形态进行参考，也可综合考虑两种形态同时使用。

1. 常规的 BIM 管理项目

这种形态是以后施工现场的普遍形式，当前有大量的施工单位和少数的监理企业采用这种工作方式。虽然离成熟的模式还有很长的路要走，但也初具雏形。成熟的工作形态是把 BIM 融入工作中去，当前的工作形态仅仅是辅助工作。它包含了普通的项目监理服务和全过程工程咨询，在 BIM 服务方面的流程基本相似。下面仅就成熟的工作形态展开描述。

模型来源：这种工作形态通常由设计院提供模型，施工单位加以深化，或者直接由施工单位直接建模并深化，直接提供给监理单位使用。

费用方面：这种形态不存在单独的 BIM 相关费用，而只是支付监理费用，和常规监理项目相同。要求监理方的管理人员中全部或部分具备 BIM 相关能力，利用 BIM 的相关特性来辅助工作，更好地完成项目监理工作。

人力资源构成：前面简单说过，项目现场的管理人员应全部或部分具备 BIM 能力，但要求至少有 1～2 名精通 BIM 的人员，人员定位至少是项目总监代表或者专业监理工程师，由监理企业的 BIM 部门统一培训和管理并向每个项目输出。只有现场的管理人员具备 BIM 能力是远远不够的，还需要监理企业 BIM 部门储备必要的协调人员、复杂技术的处理人员和技术攻关人员，从而更好地服务于现场的监督管理和协调（仅针对 BIM 方面）。单就此种形态而言，企业并不需要针对 BIM 而配备大型服务器。

工作方法：施工现场的项目监理部面对设计或者施工提供的 BIM 模型和演示需要具备必要的识别能力、辨别能力，对于工作中需要应用 BIM 模型的地方需要了然于胸。对于最终的 BIM 模型成果需要具备基本的审查检查和验收能力。

总结下来就是两点：审查 BIM 模型和项目应用。审查 BIM 模型包括审查设计院提供的 BIM 模型，发现问题及时报给建设单位知悉；审查施工单位提供的深化模型，发现问题要求整改；审查施工单位基于 BIM 的各种工作成果，发现问题要求整改；审查 BIM 咨询单位或 BIM 总包（这里要区别于基于管理的 BIM 总包）提供的模型，发现问题要求整改。项目应用包括组织各参与方进行 BIM 工作汇报，在工作中发现问题并能够及时地使用 BIM 工具进行记录并发布给其他参与方，协调各参与方参与监督过程形成闭环并监督整改过程。使用 BIM 工具汇报工作进度和监控工程质量，汇报文档示例如图 12-1 所示。最终形成一套监理方的 BIM 模型。

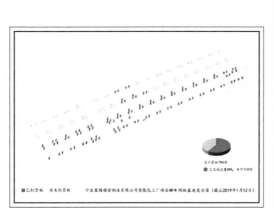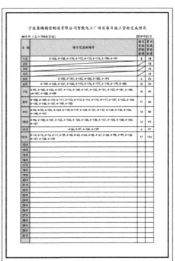

图 12-1　汇报文档示例

监理企业 BIM 部门应安排专人进行各项目的 BIM 联络，协调各参与方之间的工作关系，并监督各项目监理部的执行力度、工作进度以及实施质量。小型监理企业也可委托给项目监理部有一定能力的管理人员，但是效果不佳；企业 BIM 部门对派驻现场有 BIM 能力的骨干进行培训并考核后方能上岗，并定期进行工作质量检查与考核；监理企业 BIM 部门的骨干团队负责监督联络员的工作质量，并不定期抽查各项目部的 BIM 工作质量。对于各项目部提出的工作难题由联络员转交给 BIM 专业团队进行深化后直接对项目监理部进行交底。对于个别需要做课题的项目，企业骨干团队直接与项目部进行联系，并尽可能地深入一线调取第一手资料。

至此，从下到上的一套工作流程就完整地体现出来了。总结下来就是直接获得模型，现场深度应用，中间有联络员进行监督和协调，企业后端提供技术支持和培训考核。

2. 业主方委托的 BIM 项目

这种形态和第一种有着本质上的区别，完全是独立出来的 BIM 服务。其特点是主要针对模型管理和数据管理、协调管理等。这里还可以存在两种形式，即单纯的 BIM 服务方和 BIM 总协调方。但基本流程相差不大。

监理企业本身就属于服务业范畴，在施工现场扮演的角色也是以协调为主，这就造就了监理企业得天独厚的优势。所以把 BIM 任务委托给监理企业完成，建设单位完全可以接受。建设单位可以利用监理单位特有的工程管理优势，通过 BIM 技术的实施为建设工程增值。

模型来源：这种模式下的模型来源可以是设计院提供设计模型，监理企业提供深化服务，也可以直接由监理企业 BIM 部门直接建模并提供设计深化。基于自身地位，监理方可以更直接更快地获得第一手数据，使得深化模型具备较强的可实施性。

费用组成：这种模式一般由模型创建和深化的费用和现场协调服务两部分费用组成。即使该项目的监理业务为同一单位承接，建设单位理论上也不会因此克扣 BIM 专项服务费。

人力资源构成：要完成这类 BIM 服务，需要 BIM 部门配备专业的建模团队和深化团队。这两个团队可以分开设置，也可以合并设置，具体由企业根据 BIM 团队规模具体对待。若是合并设置，则按照技术水平按等级划分，分配工作任务时具体对待。除此之外还应配备企业 BIM 部门与现场各参与方的联络人员与交底人员和现场驻场人员。此种模式下监理企业 BIM 部门还应配备少量的 IT 人员和足够的大型服务器。

工作流程解析：首先由专业团队进行模型创建与深化。工作分配原则根据团队的组成略有不同，建模与深化团队分开设置的可采用工作任务分配制度，按照一定的工作强度合理分配，由专职人员或团队负责收集整合模型并予以验收，发现问题后提出整改建议，最终整合出一套完整模型，该模式适用于大型、规则且难度适中的项目；建模与深化团队合并设置的则考虑项目负责人制度，由项目负责人根据项目特色及工期安排，从团队挑选合适的人员进入该项目组，负责该项目的全过程一站式服务，该模式适用于中小型、不规则且难度较大的项目。建模与深化过程中由项目联络人与现场交接，并及时收集现场反馈的建议，汇报给企业 BIM 实施团队或者项目负责人，当然过程中少不了与项目各参与方进行交流与沟通。现场的专职驻场人员拿到深化模型后进行现场技术交底、演示等工作，并在项目施工过程中进行质量监控，发现问题及时通过 BIM 协同平台进行反馈，对于现场发现的模型不合理情形进行记录并反馈给项目联络人，再由联络人反馈至企业 BIM 部门进行修正。对于有后期运维需要的项目，现场驻场人员还应负责现场第一手资料的收集工作，并与模型的构件进行绑定，最后上传至服务器，最终形成符合建设单位使用要求的竣工模型。

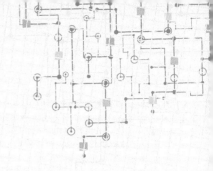

第13章 造价咨询方的企业级 BIM

传统的工程造价咨询机构是通过审核投资成本、控制工程造价等手段，为委托人提高利润，以达到为建设工程投资增值的目的。造价咨询的核心业务，一个是编制或审核详细的工程量清单，另一个是工程量清单的特征描述，也就是工程量的属性信息。造价成果的准确性取决于工程量统计是否准确、完善。传统的造价咨询机构投入大量的人工来解决造价中遇到的复杂问题，在工程项目的调研、设计、招投标、施工、竣工阶段需要重复计算不同阶段的工程造价，而 BIM 技术和互联网结合，实现了工程量数据从 BIM 模型中快速、简单、准确地提取，完美解决了这一问题。BIM 技术的产生和推广催化了造价咨询行业的变革，必须提高服务质量，降低服务成本，提升服务价值，才能使造价咨询企业在 BIM 技术不断发展的背景中得以生存和发展。

第1节 组织架构

13.1.1 造价咨询企业的 BIM 组织架构

造价咨询企业的 BIM 组织架构，与传统造价企业无本质区别。BIM 技术对工程造价行业带来的巨大冲击，也使得 BIM 与造价深度融合。技术的融合要求技术型人才的知识储备也要复合发展。单一的工程造价或单一的 BIM 建模都不是健全的发展方向。

1. BIM 商务部门

BIM 商务经理的岗位职责：造价咨询机构的 BIM 咨询是通过 BIM 技术协助业主方对工程项目的全过程费用进行控制，涵盖了建设工程项目的全生命期，因此，BIM 商务经理应由对 BIM 行业发展有较深刻认识的人员承担，能够谋划企业 BIM 商务发展规划，对建设工程项目的全过程 BIM 咨询有清晰认识，且具有一定商务谈判水平。

2. BIM 模型创建部门

（1）BIM 模型负责人的岗位职责　统筹、规划、分配 BIM 建模的内容，对模型的生产质量和进度负责。另外，作为造价咨询企业的 BIM 模型负责人，应对造价专业知识有相应的了解，满足复合型人才的要求，协调各专业 BIM 建模工程师和造价工程师对接工作中出现的问题，并善于对小组工作情况进行规划总结，谋划发展方向。

BIM 模型的精度和完整度是工程量准确统计的基础，企业应根据自身实际选择是否设置专业的 BIM 模型审核小组，来确保 BIM 模型的精确度和完善程度。

（2）BIM 模型工程师的岗位职责

1）土建 BIM 模型、机电安装 BIM 模型的创建、审核和维护。土建模型包含了建筑、市政、装饰装修、三维场地布置等专业，机电安装模型包含了暖通、给排水、消防、电气等专业，企业可根据自身人员结构配置划分具体分工，或将创建组与审核组、维护组独立设置。

2）现场 BIM 应用指导。BIM 模型与工程造价信息软件生产的模型的本质区别在于 BIM 模型可以直接用于指导现场施工。施工中产生的现实问题是检验和反馈 BIM 模型的重要信息，因此，BIM 模型工程师应在施工生产中检验模型质量，提升专业技能。

3）现场人员使用培训指导。企业应格外重视施工生产人员的 BIM 技术技能，一线人员的 BIM 应用能力是 BIM 技术落地的实质目的和重要推手，只有将 BIM 模型真正用于现场施工方能体现其真正价值。

4）协调参建各方 BIM 应用。BIM 工程师是企业 BIM 项目推进过程中最重要、最直接的目标群体，合理配置人员架构可以让更多的专业人才与复合人才涌现。

13.1.2 造价咨询企业的 BIM 岗位定义与定位

1. 造价 BIM 应用工程师的定义

建筑信息模型（BIM）应用工程师系列岗位是指利用以 BIM 技术为核心的信息化技术，在项目的规划、勘察、设计、施工、运营维护、改造和拆除各阶段，完成对工程物理特征和功能特性信息的数字化承载、可视化表达和信息化管控等工作的现场作业及管理岗位的统称。

造价 BIM 应用工程师是利用以 BIM 技术为核心的信息化技术，在项目的决策到竣工结算阶段，为建设项目提供全过程造价的确定、控制和管理，使工程技术与经济管理密切结合，使人力、物力和建设资金得到最有效的利用，使既定的工程造价限额得到控制，并取得最大投资效益的专业人员。

2. 造价 BIM 应用工程师的专业能力倾向

1）具备工程造价的专业知识和能力，熟悉材料、设备的市场价格。

2）熟悉工程造价的工作流程以及操作规程，具备工程造价的计算方法。

3）具备良好的分析能力，能够准确分析工程施工所需的各项费用，并按要求编制项目造价预算文件。

4）具备良好的沟通协调能力，能够就施工过程中面临的各项费用问题与相关人员进行有效的沟通和协调，保证工程项目能顺利实施。

5）具备成本控制能力，能对影响工程项目成本的各项因素进行综合管理，采取有效手段或措施将施工中实际发生的各种消耗和支出严格控制在成本预算范围内。

6）具备使用计算机以及相关概预算软件的能力。

7）具有利用基于 BIM 技术的建设工程大数据分析、判断、管理的能力。

第 2 节　发 展 规 划

改革开放前的很长一段时间，我国工程造价管理模式一直沿用着苏联模式——基本建设概预算制度。改革开放后，工程造价管理历经了计划经济时期的概预算管理——定额管理的"量价统一"、工程造价管理的"量价分离"，目前逐步过渡到以市场机制为主导、由政府职能部门实行协调监督、与国际惯例全面接轨的新管理模式。

我国的工程造价管理经历了以下几个阶段：

第一阶段，从新中国成立初期到 20 世纪 50 年代中期，是无统一预算定额与单价情况的工程造价计价模式。这时期主要是通过设计图计算出的工程量来确定工程造价。当时计算工程量，没有统一的规则，只是估价员根据企业的累积资料和本人的工作经验，结合市场行情进行工程报价，经过和业主洽商，达成最终工程造价。

第二阶段，从 20 世纪 50 年代到 20 世纪 90 年代初期，是由政府统一预算定额与单价情况下的工程造价计价模式，基本属于政府决定造价。这一阶段延续的时间最长，并且影响最为深远。当时的工程计价基本上是在统一预算定额与单价情况下进行的，因此工程造价的确定主要是按设计图及统一的工程量计算规则计算工程量，并套用统一的预算定额与单价，计算出工程直接费，再按规定计算间接费及有关费用，最终确定工程的概算造价或预算造价，并在竣工后编制决算，经审核后的决算即为工程的最终造价。

第三阶段，从 20 世纪 90 年代至 2003 年，这段时间造价管理沿袭了以前的造价管理方法，同时随着我国社会主义市场经济的发展，建设部对传统的预算定额计价模式提出了"控制量，放开价，引入竞争"的基本改革思路。各地在编制新预算定额的基础上，明确规定预算定额单价中的材料、人工、机械价格作为编制期的基期价，少数定期发布当月市场价格信息进行动态指导，在规定的幅度内予以调整，同时在引入竞争机制方面做了新的尝试。

第四阶段，2003 年 3 月有关部门颁布《建设工程工程量清单计价规范》，2003 年 7 月 1 日起在全国实施，工程量清单计价是在建设施工招投标时，招标人依据工程施工图、招标文件要求，以统一的工程量计算规则和统一的施工项目划分规定，为投标人提供实物工程项目和技术性措施项目的数量清单；投标人在国家定额指导下、在企业内部定额的要求下，结合工程情况、市场竞争情况和企业实力，并充分考虑各种风险因素，自主填报清单开列项目中包括的工程直接成本、间接成本、利润和税金在内的综合单价与合计汇总价，并以所报综合单价作为竣工结算调整价的一种计价模式。

第五阶段，2016 年住房和城乡建设部发布的《2016—2020 年建筑业信息化发展纲要》，其中推进信息技术与企业管理深度融合，加快 BIM 普及应用，实现勘察设计技术升级，强化企业知识管理，支撑智慧企业建设，优化工程总承包项目信息化管理，"互联网＋"协同工作模式，实现全过程信息化，加强电子招投标的应用，探索传统建筑工程与 BIM、大数据、云计算等技术的融合，实现建筑产业的现代化升级。

"十三五"时期，党的十九大对我国经济长期向好局势做了新的部署，新型城镇化、一带一路建设为固定资产投资和建筑业发展释放了新的动力，激发了新的活力。建筑业体制机制改革和转型升级的需求在不断增强，工程造价行业新的创新点，增长带正在不断形成，工程造价事业处于大有可为的重要战略机遇期，未来以下方向将成为造价行业的发展方向：

1）建筑业新技术革命将会极大地促进工程造价行业的创新发展。建筑业"十三五"规划倡导的绿色建筑、装配式建筑、地下综合管廊、智慧城市、海绵城市、城市轨道等重大战略将会极大地促进工程造价咨询行业拓展业务范围，优化业务结构。所以，造价咨询机构要在服务阶段、服务层次、服务领域等方面进行全方位的业务拓展，同时将会促进造价业建筑物碳计量、信息工程计价的新业务产生。

2）PPP 和 EPC 总承包模式的发展将推动工程造价咨询向全过程全生命的工程咨询发展。以造价管理为核心的全面项目管理模式已经形成。以 PPP 为主导的融资模式的改变推动了承包商更多的产业和运营维护、物业管理结合起来；以 EPC 总承包为代表的承发包模式的改变，将会促进设计、施工、工程设备、材料厂商的产业融合与合作，优化并促进工程建设领域产业链的形成，促进建筑业的技术进步，这必然会倒逼以全过程全生命工程咨询为核心的全面项目管理服务需求。

3）以 BIM 技术为代表的信息技术将会使工程造价行业的技术手段发生巨大变化。BIM、大数据、云计算等信息化技术将会推动建筑业标准化设计、工厂化生产、装配式施工、一体化装修、信息化管理、智能化应用。而以上信息技术的创新势必会推动工程造价咨询业的转型升级，向工程咨询价值链高端衍生，以先进技术来提升工程造价咨询服务的价值就成为当前咨询企业要考虑的紧迫问题。

4）建筑业"十三五"走出去，中国制造战略将会加速工程造价咨询业国际化进程，借助"一带一路"倡议，以项目资金技术走出去为契机，通过新设、收购、合并互相持股等公司运作方式参与国际咨询业务，走出国门并要在国际工程咨询领域打造中国建造名片，开拓国际市场，加快国际化步伐，实现与所在国家和地区的共鸣。

当今世界正朝着信息化、智能化快速发展，随着计算机技术和互联网的快速发展，建筑行业的信息化、智能化也成为必然。BIM 在工程造价行业的变革和应用，是现代建设工程造价信息化发展的必然趋势。工程造价行业的信息化发展经过从手工绘图计算到二维 CAD 绘图计算，再到现在 BIM 应用的时代变迁。整个工程造价行业，都向精细化、规范化和信息化的方向迅猛发展。工程造价专业人员如何利用好以 BIM 技术为核心的信息技术，促进工程造价行业的可持续健康发展，对于每一位从业者来说，都是值得思考和深入研究的课题。

第 3 节　实 施 体 系

13.3.1　全过程造价咨询流程

详细准确的工程量清单和项目特征描述是工程造价的立足之本，而影响工程量统计的决定性因素是 BIM 模型的精度是否满足要求，关于各阶段定价过程中需要 BIM 技术为建设工程提供的工程量数据的要求也有所不同。

1）估算阶段：BIM 建模师建立 BIM 模型，造价工程师从模型中获取粗略的工程量数据，此数据不能作为下一步评估的依据，只能为造价工程师提供一个粗量级的数据依据，这些数据还需与传统的指标数据相结合，才能计算出准确的估算价。

2）概算阶段：随着设计工作的深化和细化，各种功能参数、特征参数、设计参数不断增加，BIM 模型的精度也不断提升，造价工程师可以从 BIM 模型中获得的建设项目的各种项目参数和工程量也不断细化，精确度越来越高，数据的可参照性也越来越高。通过 BIM 模型模拟和仿真不同的方案，造价工程师可以针对不同的方案预测和比选其概算指标，从而指导设计人员开展价值工程和限额设计。

3）施工图设计阶段：在此阶段，BIM 建模师可以根据施工图设计成果，完善和细化 BIM 模型，使之能够达到为造价工程师提供准确工程量的程度。

4）招投标阶段：根据 BIM 模型，造价工程师可以编制高质量的工程量清单，实现清单不漏项、工程量不出现错误。投标人可根据 BIM 模型获取正确的工程量，与招标文件中的工程量清单对比，为其制定精准的投标策略提供依据。

5）签订合同阶段：详细精确的 BIM 模型为招投标双方都提供了一个计算工程量变更和结算的依据。

6）施工阶段：BIM 模型记载着各种构件的几何信息，除了指导施工，在此阶段还有巨大的应用空间，比如为审批工程量变更和计算变更提供基础依据；结合施工进度数据，按施工进度提取工程量，为进度款支付提供依据等。

7）竣工结算阶段：BIM 模型已达到细度等级的最高级，与施工现场竣工工程实体完全一致，为竣工结算提供依据。

8）运营维护阶段：轻量化的 BIM 模型为项目运营提供各构件的运营信息，BIM 模型记载的非几何信息可以为运营人员提供设备维修更换的依据，在运营成本控制过程中提供基础数据支撑。

13.3.2 全过程造价咨询实施方案

全过程造价咨询是为确保建设工程的投资效益，对建设工程从可行性研究开始，经过初步设计、扩大初步设计、施工图设计、招投标、施工、调试、运维等过程为建设工程投资增值的一系列活动。基于 BIM 的全过程造价咨询在各阶段实施方案如下：

1）决策阶段：在工程项目的决策阶段，利用以往项目或同行业类似项目的 BIM 模型数据，如每平方米造价等估算出当前项目的估算价。

2）设计阶段：设计阶段是控制工程造价的关键。造价咨询企业应利用 BIM 模型的历史数据做限额设计，限额设计可以促进设计单位的有效管理，转变长期以来重技术、轻经济的观念，有利于强化设计师的节约意识，在保证项目各部分使用功能的前提下实现设计优化。

设计限额是参考以往类似项目提出的，但是，多数项目完成后没有进行认真的总结，造价数据库也没有根据未来限额设计的需要进行认真的整理校对，可信度较低。利用 BIM 模型来计算造价数据则大大提高了数据的准确度，设计完成后，造价工程师利用 BIM 模型快速做出概算，并且核对设计指标是否满足要求，控制投资，发挥限额设计的价值。

3）招投标阶段：造价咨询企业根据 BIM 模型快速精确地计算招投标所需工程量，避免因工程量问题引起的纠纷。

4）施工阶段：利用 BIM 技术，可以把各专业信息整合统一，进行三维碰撞检查，纠正设计错误和不合理之处，为造价管理提供有效支撑。造价咨询单位可以利用 BIM 模型，按时间、工序、区域等基本单位，计算工程造价，控制材料用量，合理确定材料价格，便于控制成本，做到精细化管理。

5）竣工结算阶段：造价咨询企业根据高细度等级的 BIM 模型提供精准的造价成果文件，为竣工结算提供依据，以减少竣工结算过程中项目各参与方的推诿扯皮，加快结算进度。

第4节　BIM 与工程造价标准

造价咨询行业在全过程造价数据标准建设方面已经取得初步成果，例如广东省住建厅为满足建设工程电子化招投标和建设工程全过程造价管理，已经出台一系列的工程造价数据标准 ESCC

（Exchange Standard Data for Construction Cost）。该标准是以 XML（Extensible Markup Language，国际标准的可扩展标记语言）数据交换形式，为 BIM 模型向造价咨询行业传递数据提供了公开的数据标准。

该标准所规定的造价文件数据能够满足建设项目全过程造价管理的工程造价指数与技术经济指标体系、估算、概算、招标控制价、招标电子标书、商务标评价算法、合同价、工程签证与变更、计量与支付、结算等造价数据的应用要求。造价文件数据采用了工程项目基本信息、工程项目特征参数、分部分项标准项目等标准化技术，实现了建设项目全过程各阶段造价文件数据循环使用与积累、建设行业数据共享的应用要求。

利用 BIM 模型的三维算量，主要建模方法有两种。第一种是直接通过国际标准 IFC（Industry Foundation Class）格式转换为工程造价模型。IFC 是一种包含各种建设项目设计、施工、运维各个阶段所需要的全部信息的基于对象的公开的国际标准文件交换格式。第二种是利用二维 CAD 图通过导图识别翻模形成三维工程造价模型，部分构件结合手工绘制来完成。造价人员针对 BIM 技术的数据支撑主要体现在对提供最基础的三维数字造价模型以及实现量价结合的基础数据整理上。在工程造价各个专业中，电算化相对比较成熟，目前的算量维度主要体现在深化设计三维建模直到导入造价模型和三维翻模造价模型两种，无论哪种模型都能够体现量化数据和模型数据之间的互通和动态呈现，可视化、一体化、模拟化的数据支撑较为完善。目前，国内已经出现将 BIM 模型的国际标准 IFC 标准和国内的工程造价行业标准进行数据转换的应用，应用的模型是将造价行业的 BIM 模型数据标准用 XML 形式予以公开，与 IFC 和 ESCC 进行数据交换。

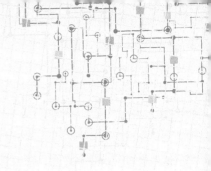

第14章 企业 BIM 构件管理

BIM 团队在项目实施过程中会制作和引入大量的构件，这些构件经过加工处理可形成能重复利用的构件资源，建立种类齐全、可共享、重复使用的构件库管理系统，能整合相关 BIM 构件资源，形成行业 BIM 信息资产。构件的重复使用不仅提高了 BIM 的设计效率和设计质量，同时还也降低了 BIM 的实施成本。构件管理系统应基于协同化的数据平台，能和 BIM 设计软件高度集成，提供高效、方便的数据检索、下载及增删改功能，并能够设置必要的管理和使用权限，实现按角色进行授权。

第1节 行业分析

14.1.1 构件库的强大生命力

如果将 BIM 模型比作正常人体，那么构件就好比人身体内的器官。健全完备的器官通过有机组合能形成一个完整的躯体。同样，信息完备的构件通过有机组合才能支撑起一个强大的 BIM 信息模型整体框架，如图 14-1 所示。

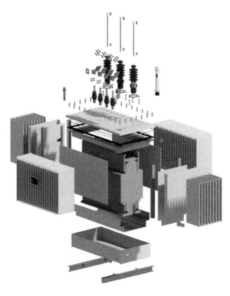

图 14-1　由一个个构件组成的 BIM 模型

BIM 信息模型拥有灵魂，而它灵魂的表达方式则是"参数化"。比如一个普通的家用门构件加入参数，然后通过参数化数据的修改可以产生新的不同大小的构件样式。示例如图 14-2 所示。

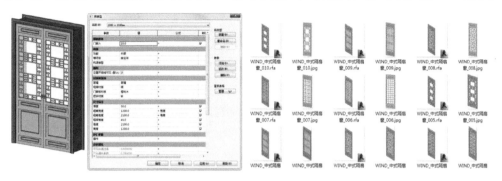

图 14-2　参数化中式门构件

类似于这样的例子不胜枚举。水暖电设备加上参数化，可满足不同厂家的生产标准（图 14-3）；施工现场的工地大门通过参数（此处包含几何参数、文字参数等）的调整，可满足不同施工单位的需求（图 14-4）；木结构中的斗拱族，增加参数后，可以满足一等材至八等材的切换和全部用途（图 14-5）；在造型奇特，构造复杂的古建筑中，依然能看到参数化构件的身影（图 14-6、图 14-7）。

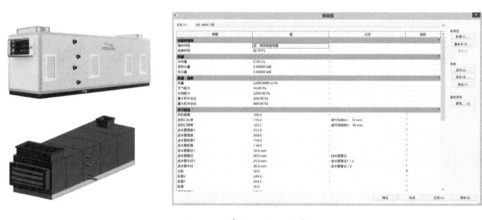

图 14-3　参数化机电设备

图 14-4　参数化工地大门

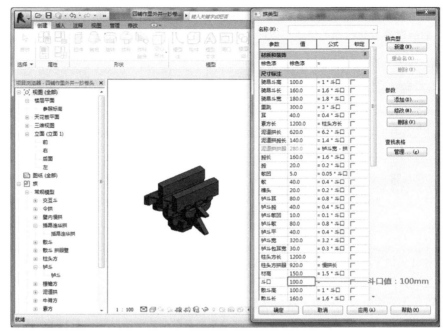

图 14-5　参数化斗拱构件

图 14-6　古建筑工程 BIM 构件

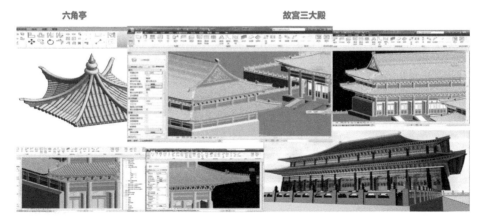

图 14-7　由一个个构件组成木结构建筑

14.1.2 国内外 BIM 构件库建立现状

目前,国内外已经在建的构件资源库有新西兰的 SP Products Catalog,产品包含 Autodesk Revit、ArchCAD、Vectorworks、SketchUp 和 AutoCAD 等软件的构件模型。英国有 National BIM Library,产品支持 Autodesk Revit、ArchiCAD、Vectorworks、Tekla、Bentley 等软件构件模型;中国有住房和城乡建设产品大型数据库,产品支持 Revit、Inventor、SolidWorks、CATIA 等软件构件模型。这些构件库的产品囊括了主流 BIM 软件的构件模型。

14.1.3 建筑工程设计各阶段对产品构件的需求分析

中国建筑设计过程大致可分为以下几个阶段:可行性研究、概念设计、方案设计、初步设计、施工图设计、精装设计、专项设计等。可行性研究只有大型工程才有。概念设计和方案设计主要是建筑专业的工作,对标准产品构件的要求较少。初步设计阶段的主要工作是建模和简要计算,构件模型的精度取决于计算设计的要求。施工图设计阶段重点是设计实现,需要比较精细的构件模型,能够支持材料统计和专业计算,该阶段变更频繁,需要构件模型能够支持快速变更。精装设计和专项设计与真实产品对应,需要更加精细化的构件模型,基本接近真实产品。该阶段不属于常规设计范畴,建筑类设计院对产品设备构件的需求重点在初步设计及施工图设计阶段,因此构件库建设重点应该主要考虑这两个阶段的需求。

14.1.4 BIM 设计中对产品设备构件的信息及制作要求

产品设备构件的信息分为形体信息、尺寸参数信息、性能参数信息、定位连接信息等。形体信息主要指三维效果、二维图例表达及附加的视觉识别信息(用以区分外形相似的构件);尺寸参数信息主要指构件的几何尺寸及规格数据;性能参数信息指设备构件的材质及物理性能信息;定位连接信息指构件与其他构件的关系信息,如构件是否基于主体,构件与其他设备的连接关系等。构件的制作不是简单的建模,要考虑后续的出图及信息的使用,二维表达一定要符合国内制图规范的要求等。

14.1.5 企业 BIM 构件使用调研

1)72% 的 BIM 人员定制的构件不愿意分享出去。
2)设计院、咨询单位 50% 的 BIM 人员不知道单位其他人是否做过类似构件。
3)施工单位项目部分布各地办公,90% 人员不知道单位其他人是否做过类似构件。
4)80% 的单位没有 BIM 构件管理概念,BIM 构件很少专门分类归档。

14.1.6 企业 BIM 构件管理现状

1. 中小型企业

1)员工管理自己的族,关键时刻很难找到族的位置。
2)众多项目的族,随用随找,构件质量不能保证。
3)无标准 BIM 构件,大家重复做族的可能性大。

2. 中大型企业

1）缺乏企业构件标准，部分 BIM 构件质量差不利于后续管理；分类混乱无统一管理。

2）建筑信息模型由构件组成，在企业应用时对 BIM 构件需求很大。

3）众多企业采用文件夹或服务器的管理模式，权限管理困难，并且构件整合效率低。

4）员工离岗或离职，构件丢失。

5）全国各个项目部或各地方公司构件库交换困难，共享效率低，重复工作量大。

6）员工数据与构件库操作无迹可查。

7）通过简单文件存储，无法满足企业级应用高效率的要求，迫切需要平台管理。

第2节 社交式 BIM 构件共享管理平台——族库宝软件4.0 解决方案

族库宝软件是一个社交式的 BIM 构件分类管理共享平台，为广大 BIM 用户（包括企业、个人）提供在线 BIM 构件分类、共享、管理的服务，2015 年开始研发，2018 年发布 4.0。族库宝软件将充分诠释互联网时代的分享精神，建立起一个完整的 BIM 构件库生态平台。EaBIM 网 30 万用户无缝嵌入，无须注册可直接登录使用。

14.2.1 支持多端口接入

族库宝支持多个端口接入（图 14-8），其中 Web 端主要是方便用户或管理者在没有安装软件的情况下进行族库相关工作，其核心功能都是一致的。

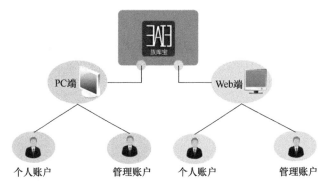

图 14-8　族库宝多端口接入

插件端和网页端功能对比如下：

1）由于部分二次开发的功能仅能在 Revit 开启时实现，因此插件端的功能会比网页端稍多。

2）在插件端，下载了族之后可直接载入；网页端下载族后无法直接使用，需要族库平台导入使用。

3）插件端支持族清洗，网页端无此功能。

4）企业管理员在插件端和网页端的族审核界面，都可对通过审核的族添加新参数，新参数在载入时生效。

5）企业管理员在员工管理中创建的员工账户，可直接登录，并自动显示为本企业的员工。

6）企业管理员账户由超级管理员在后台用户管理模块中添加。

14.2.2 加密功能

1. 族文件".zk"格式

当用户从"我的族"（或者企业族，族广场）中下载族时，族文件是以".zk"格式存为本地，下载完毕可直接单击载入族按钮，进行载入，如图 14-9 所示。注意，网页端下载的".zk"如果需要使用，也要从这里导入使用，注意载入之前需要设置好本地路径。

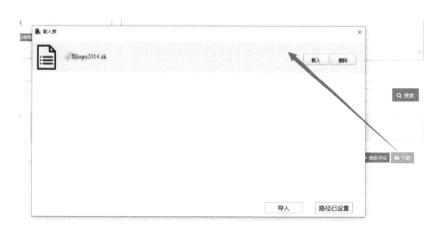

图 14-9　族文件".zk"格式载入

2. 入库企业的族资产自动加入公司版权标识和三维 logo，注重版权保护

当用户在项目中使用族库宝内的构件时，软件将自动放置企业 logo，如图 14-10 所示。当然，该 logo 为独立构件，只起到宣传公司品牌的作用，如果影响建模操作，也提供了该对象的可见性参数，可灵活控制其显示与否。

图 14-10　企业三维 logo

3. 清洗族

为了避免企业内部资料出现丢失或者被盗用的状况发生，平台还提供了"清洗族"功能。如果企业要将成果交付至客户，可将族的参数保持为一个默认值，然后使用该功能，此时族内相关

的数学逻辑关系则会被全部清除。除此之外，每一个从族库中载入的族，都会默认加入本企业的标识版权信息，且参数值信息不支持修改，具体如图 14-11 所示。

图 14-11 添加企业版权信息及清洗族功能

4. 解绑

为避免账户被盗，族库宝软件设置了账户登录保护。每个账号连续登录三台计算机之后，禁止登录第四台，而网页端不限制。用户若未加入企业，则需联系超级管理员解绑；若加入了企业，只需联系企业管理员解绑。企业管理员登录后台查看该用户账号，如图 14-12 所示，如的确有三次记录，删除一个记录即可再登录一台，删除两个记录即可再登录两台，以此类推。在企业的日常管理中，每个人拥有独立的账户，为确保数据安全，建议企业管理员提前告知大家不要随意更换计算机使用该软件。

授权管理

请输入用户名进行搜索...   搜索 重置

序号	用户名	注册日期	授权结束日期	机器码	产品	
1	wyc192128	2017/11/22	2118/10/8 13:43:59	CFC069E1A0107AE9608E931FBF027A53	族库宝	撤销授权
2	wyc192128	2017/11/22	2118/10/8 15:00:05	C61704A5AFB23A4740B38E6016A5DFC1	族库宝	撤销授权
3	wyc192128	2017/11/22	2118/10/8 15:39:51	B3302E44747AA31F71A5B5B23CEE40AF	族库宝	撤销授权
4	残友BIM-何传盟	2017/11/15	2117/10/23 16:00:12	7C6AE89749F2E732235F45F9D5117DF6	族库宝	撤销授权
5	残友BIM-何传盟	2017/11/15	2117/10/30 16:33:03	0A290CCFA0D43CBD7014603B425DA128	族库宝	撤销授权
6	3671	2017/11/14	2117/10/22 10:12:54	D3496EC9855E6AFFA55D72A072E8922A	族库宝	撤销授权

图 14-12 账号登录绑定

14.2.3 批量添加参数功能

平台提供了给项目内构件批量添加"文字、整数、数值"类型参数的功能，在实际工程中，可以为企业内部生产的族快速打上标识，提升工作效率和企业品牌形象。

14.2.4 采用三层权限控制功能

1. 软件四大模块

软件整体界面分为四个模块：用户、族库、企业管理员模块和超级管理员模块。未加入企业的用户只能使用族广场和我的族两个模块；企业族和光荣榜模块只有在用户加入企业之后才可使用；企业管理员可对子公司的人员、族库和部门进行日常管理；超级管理员能对所有用户的族及企业进行管理。

2. 不同账号间权限差异

不同类型账号的权限范围不同，用户面板的内容也不同，见表 14-1、表 14-2；平台针对"族库"这个大的对象，对企业管理员赋予了已加入企业用户的管理权限，而超级管理员（即软件商用户）则可以管理所有用户。

表 14-1　不同类型用户的面板

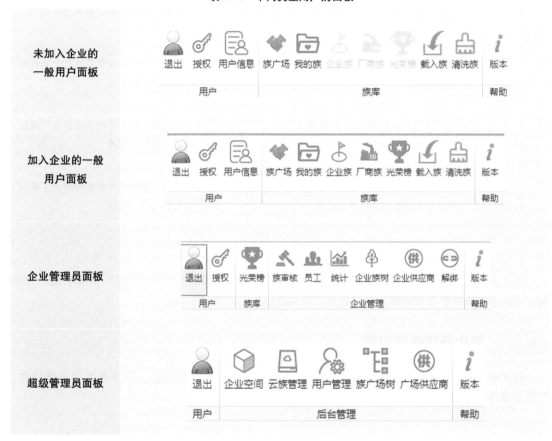

表 14-2　按钮功能说明

按 钮 图 形	功 能 说 明	按 钮 图 形	功 能 说 明
	登录/退出：用于用户登录/退出管理平台		版本：查看软件版本信息

（续）

按 钮 图 形	功 能 说 明	按 钮 图 形	功 能 说 明
	授权：查看当前用户的授权信息，包括剩余绑定次数、授权到期时间等信息		族审核：企业管理员对个人用户分享到企业族库的族进行审核
	用户信息：查看当前用户的个人信息，并可修改		员工：企业内部员工进行管理
	光荣榜：企业内部员工用户对企业族库的贡献度排行		部门：部门划分进行管理
	企业族：企业内部员工用户交流分享族		统计：族库数据记录和分析
	族广场：集团平台上用户分享和交流族		企业族树：企业管理员对企业自己的族树分类自定义
	厂商族：企业内部的厂商品牌族文件		供应商：企业管理员对企业厂商品牌族分类进行管理
	我的族：上传、收藏、查看、分享个人的族至族广场或企业		解绑：管理员对企业内部员工进行账号登录授权管理

3. 企业管理员、超级管理员分工审核

在个人用户的"我的族"界面中设置有"分享到族广场"和"分享到企业"两项功能，分享到企业的族由企业管理员审核，分享到族广场的族由超级管理员审核。

14.2.5 防止非法保存功能

对于从企业族库中下载的族，如果系统发现用户有单独保存的操作，则会判定为非法保存，并终止该行为，防止企业资源泄密，如图 14-13 所示。

图 14-13　防止非法保存功能

14.2.6 强制分类

族广场的族树分类可由超级管理员自定义，分享族的原则是自主自愿，在用户将自己的族分享至族广场时，会强制要求用户选择对应的族广场树分类，这样每一个族都能存储在固定的分类中，便于筛选查找。用户分享之后超级管理员还需审核，通过了才会显示在族广场，如图 14-14 所示。

图 14-14　族广场四个筛选树

14.2.7 企业管理

1. 员工管理

员工管理主要有添加员工、导出用户和邀请用户。对已经在企业内的用户，管理员可将用户从企业中删除、重置用户密码、修改用户信息，如图 14-15 所示。邀请员工加入企业有以下流程：首先企业管理员需要知道员工的用户名，单击邀请员工按钮，然后输入用户名。只有用户在同意邀请之后，其相关信息才能显示在企业员工列表中。发出邀请后邀请状态显示为"待确认"；当用户拒绝邀请时，显示为"拒绝"；只有在用户同意邀请后，才算邀请成功，其状态为"注册成功"。在这里需要特别注意，一个用户只能加入一个企业。

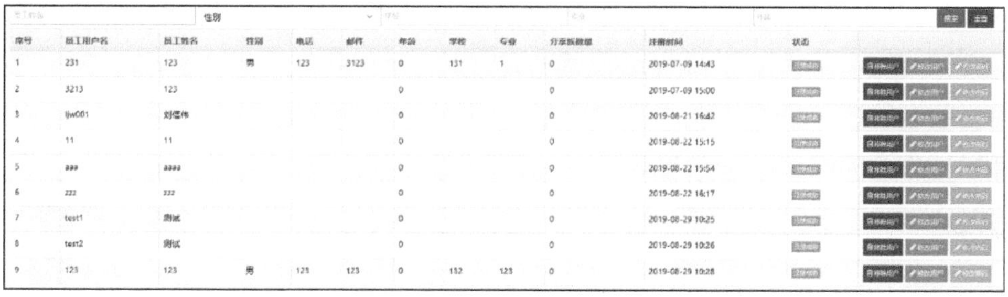

图 14-15　员工管理

2. 部门管理

部门管理主要用作对企业员工分组管理，企业管理员在命名部门名称时，也可以按照进行的项目名称分组，如图 14-16 所示。当部门人员总数不为零时，不允许企业管理员直接删除，所以在删除部门之前，应先删除该部门内的用户。

图 14-16　部门管理

3. 企业族树管理

企业族树管理是企业族库管理的重要内容，族树结构不宜经常变动，否则不利于企业员工分享族时快速地选到对应的族分类。在族树中，总分类不能删除，因为它是默认的唯一树，所有的子级分类都要基于这个总分类去添加。单击某个节点，会弹出窗口，显示对节点的操作，有添加、移动、重命名和删除。在添加节点时，禁止名称重复，支持一次添加多个，须用中文逗号隔开。移动节点则是将某个子分类移动到另一个分类中，注意，移动时是带着原分类下的族一起移动的。删除是将该级别下的所有子分类及所包含的族全都删除，如图 14-17 所示。

图 14-17　企业族树节点增删

4. 供应商

企业供应商是企业管理自己的供应商品牌所用，因此需要企业管理员维护，在这里品牌禁止重复，如图 14-18 所示。相对族广场下厂商族的分类而言，企业族的厂商族分类应该更加细致，更加有针对性。

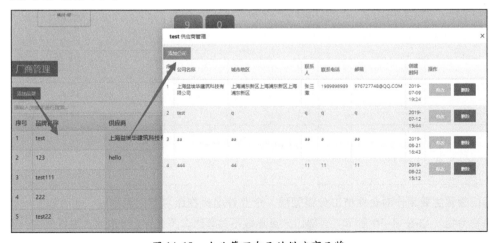

图 14-18　企业管理自己的供应商品牌

14.2.8　大数据科学统计

1. 数据实时监控族库动向

数据统计模块能方便企业管理层更快了解企业内部 BIM 技术应用和推广情况，通过对各省市累计族数量、族数量月增量、用户登录统计和上传下载量进行绘图展示，就能直观展示出企业内部 BIM 技术的应用与推广的热度，如图 14-19 所示。

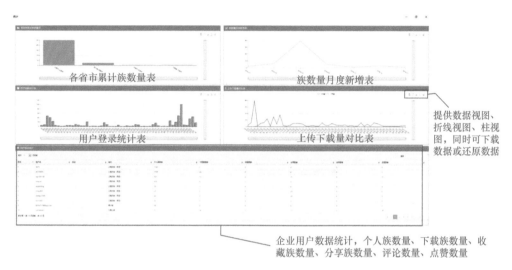

图 14-19　族库宝多端数据实时监控族库动向

2. 光荣榜

在软件提供的光荣榜界面中可以查看企业内部贡献排行，具体有数据看板、族下载排行、族收藏排行、用户评论排行、用户分享排行、项目贡献排行，如图 14-20 所示。企业管理层可据此奖励在 BIM 技术方面做出突出贡献的优秀员工。

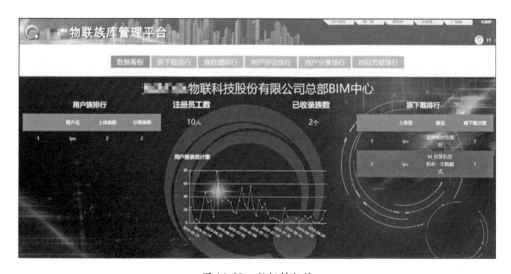

图 14-20　数据排行榜

14.2.9 筛选、社交互动功能

1. 关键字搜索及互动

查找族时，软件提供了多重筛选过滤功能，除了族树列表中的复选框，还有排序选项与搜索栏。相应的分类下的族在显示时可选择按照最新分享、热度最高、下载次数最多、评论最多的方式排序，此外还可以在搜索栏中输入关键字，进行关键词搜索，如图 14-21 所示。每个族信息栏右侧的按钮上有点赞、收藏、下载、评论四个功能。网页端和客户端的所有功能，需要用户在登录状态才可进行查看等操作。

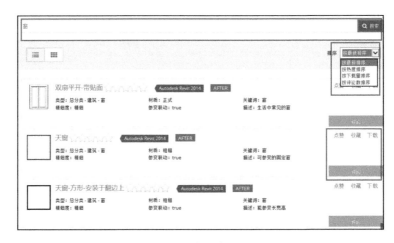

图 14-21　关键字搜索及互动功能

2. 动态播报功能

"我的族"界面中可上传/下载族、分享/取消分享族到族广场或企业，以及查看评论的功能。而且在动态栏里，会同时播报与当前用户相关的所有信息（图 14-22），包括分享的族被收藏、族热度上升、族分享等。但是如果用户被超级管理员禁止了上传权限，则在"我的族"界面不显示上传族按钮。

3. 积分机制

族库软件采用动态积分机制，用户可对各专业、领域的族库进行分类整理，实现企业对技术档案、施工规范等信息的标准化处理，由此打造出一个面对面的分享和交流技术的平台。

1）用户获得积分规则。

用户注册登录成功：+100 分。

用户分享一个族：+10 分。

分享的族，被其他用户单击查看族：+1 分。

分享的族，被其他用户收藏：+1 分。

分享的族，被其他用户下载：+2 分。

分享的族，被其他用户评论：+3 分。

分享的族，被其他用户点赞：+5 分。

2）族热度升级规则。

用户单击查看族：+1 分。

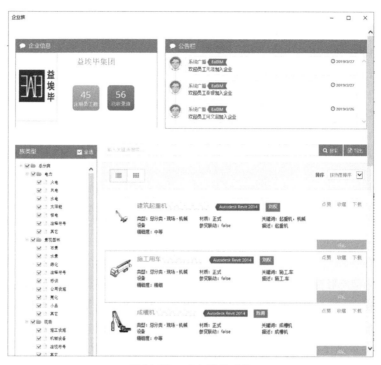

图 14-22　动态播报功能

用户收藏族：+5 分。

用户评论：+10 分。

用户点赞：+20 分。

热度每增加 50 分，获得半颗星。

随着族的热度上升，个人所获分值也增大：

1 星级：10 分。

2 星级：20 分。

3 星级：30 分。

4 星级：40 分。

5 星级：50 分。

3）下载热度族扣分规则。

下载热度为 1 星级的族，扣除积分 2 分。

下载热度为 1.5 星级的族，扣除积分 3 分。

下载热度为 2 星级的族，扣除积分 4 分。

下载热度为 2.5 星级的族，扣除积分 5 分。

下载热度为 3 星级的族，扣除积分 6 分。

下载热度为 3.5 星级的族，扣除积分 7 分。

下载热度为 4 星级的族，扣除积分 8 分。

下载热度为 4.5 星级的族，扣除积分 9 分。

下载热度为 5 星级的族，扣除积分 10 分。

4）称号。

BIM 黑铁：100 分≤积分＜300 分。

BIM 青铜：300 分≤积分＜600 分。

BIM 白银：600 分≤积分＜1000 分。

BIM 黄金：1000 分≤积分＜1500 分。

BIM 钻石：1500 分≤积分＜2100 分。

BIM 大师：2100 分≤积分＜2800 分。

BIM 王者：2800 分≤积分＜3600 分。

BIM 传说：3600 分≤积分＜4500 分。

BIM 超神：4500 分≤积分＜9999 分。

第3节　私有云部署

为实现企业内部无形资产积累、避免浪费及重复工作，族库宝平台针对企业提供了私有云部署功能。基于族库宝软件，按企业需求进行分类、定制开发，并支持企业 PC 端（插件端）及 Web 端。

定制开发的企业构件管理平台不仅继承族库宝平台的相关功能，同样是采用 ".zk"格式保存文件，并具备防非法保存、清洗族构件等功能，而且作为私有云独立部署在公司的服务器，外部人员不可访问；并且包含企业独立定制的 logo、图标系统、颜色系统及申请软件著作权。下面以中铁上海工程局集团市政工程有限公司合作项目为例进行展示：

基于族库宝开发的中铁上海局市政公司 BIM 构件管理平台于 2018 年获得了软件著作权登记证书，如图 14-23 所示。

图 14-23　软件著作权登记证书

在项目测试期间，平台便实现了 80 个项目部大数据实时统计，如图 14-24 所示。

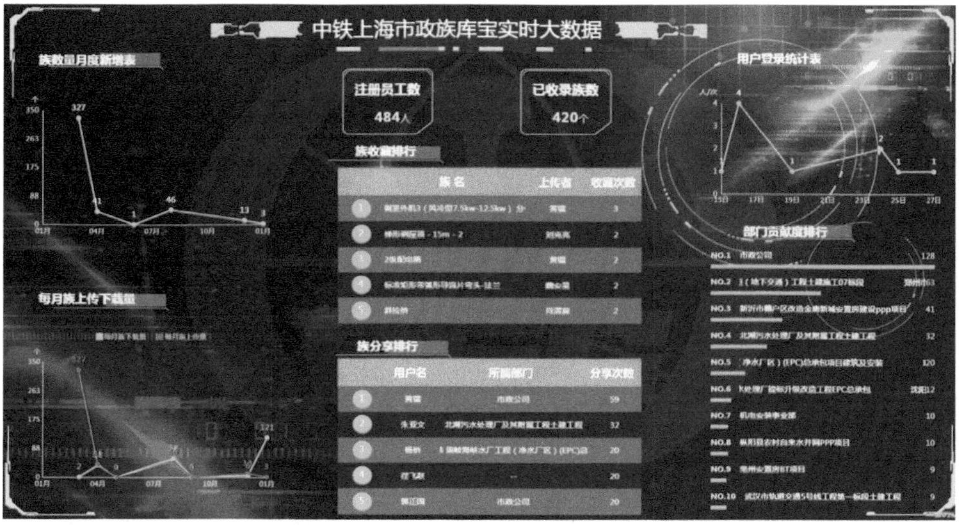

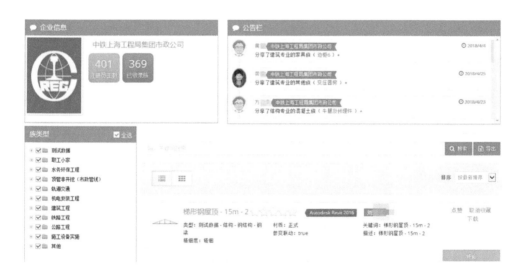

图 14-24 大数据统计

中铁上海局市政公司 BIM 构件管理平台包含"两大通用 BIM 构件库 + 七大核心业务专属 BIM 构件库"，平台主页如图 14-25 所示。

图 14-25 平台主页

其中的"施工设施设备通用库"共计 600 个 BIM 构件，已完成制作，可以用于快速拼装场地布置模型，如图 14-26 所示。"职工小家通用库"样板建设，已经完成 900 多个 BIM 构件的制作。基于这些构件，每个项目可以快速拼装职工小家样本房 BIM 模型，如图 14-27 所示。"七大核心业务专属 BIM 构件库"则是按照满足单位 BIM 作业顺序和需求来进行分类的。

值得强调的是，族库宝软件的核心价值不仅在于为用户提供大量的 BIM 构件，还在于为企业提供了一种高效使用 BIM 族库的管理方式。很多企业的 BIM 构件库的课题成果都是通过定制开发软件来实现的，进而转化为企业的生产力。企业可以通过奖罚机制来鼓励员工上传、使用 BIM 构件，并通过 BIM 构件使用的大数据来了解 BIM 基础工作的效果。

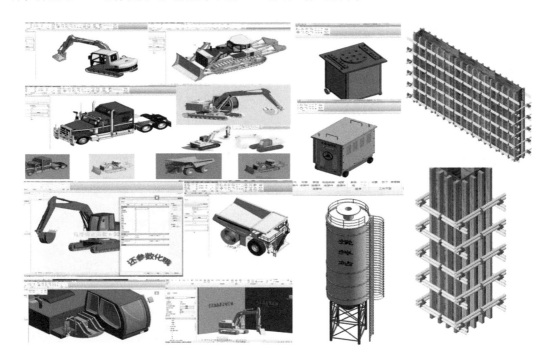

图 14-26　施工设施设备通用库

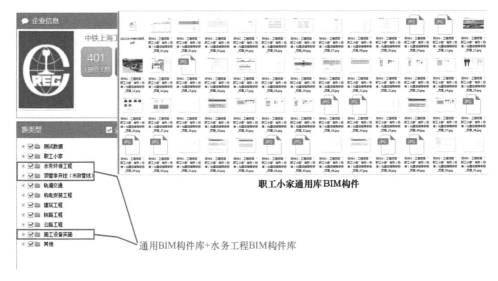

图 14-27　快速从对应构件库中调出相关族

参 考 文 献

[1] 中华人民共和国住房和城乡建设部. 建筑信息模型设计交付标准：GB/T 51301—2018［S］. 北京：中国建筑工业出版社，2018.

[2] 中华人民共和国住房和城乡建设部. 建筑工程设计信息模型制图标准：JGJ/T 448—2018［S］. 北京：中国建筑工业出版社，2018.

[3] 中华人民共和国住房和城乡建设部. 建筑信息模型分类和编码标准：GB/T 51269—2017［S］. 北京：中国建筑工业出版社，2017.

[4] 工业和信息化部教育与考试中心. 建筑信息模型（BIM）应用工程师专业技术技能人才培训标准：CEIAEC 002—2018［S］. 北京：机械工业出版社，2018.

[5] 浙江省建筑信息模型（BIM）服务中心. 企业建筑信息模型（BIM）实施能力成熟度评估标准：T/SC 0244638L18ES1［S］. 西安：西安交通大学出版社，2018.

[6] 浙江省建筑信息模型（BIM）服务中心. 工程项目建筑信息模型（BIM）应用成熟度评估标准：T/SC 0244638L18ES2［S］. 西安：西安交通大学出版社，2018.

[7] 本书编委会. 中国建筑施工行业信息化发展报告（2014）：BIM 应用与发展［M］. 北京：中国城市出版社，2014.

[8] 张吕伟，蒋力俭. 中国市政设计行业 BIM 指南［M］. 北京：中国建筑工业出版社，2017.

[9] 中国水利水电勘测设计协会，水利水电 BIM 设计联盟. 水利水电行业 BIM 发展报告：2017—2018 年度［M］. 北京：中国水利水电出版社，2018.

[10] 徐敏生. 市政 BIM 理论与实践［M］. 上海：同济大学出版社，2016.

[11] 李建成. BIM 应用·导论［M］. 上海：同济大学出版社，2015.

[12] 李云贵. 中美英 BIM 标准与技术政策［M］. 北京：中国建筑工业出版社，2018.

[13] 何关培，李刚. 那个叫 BIM 的东西究竟是什么［M］. 北京：中国建筑工业出版社，2011.

[14] 清华大学 BIM 课题组，互联立方（isBIM）公司 BIM 课题组. 设计企业 BIM 实施标准指南［M］. 北京：中国建筑工业出版社，2013.

[15] 北京《民用建筑信息模型设计标准》编制组. 《民用建筑信息模型设计标准》导读［M］. 北京：中国建筑工业出版社，2014.

[16] 李忠富. 现代土木工程施工新技术［M］. 北京：中国建筑工业出版社，2014.

[17] 何关培. 施工企业项目级 BIM 负责人指导手册［M］. 北京：中国建筑工业出版社，2018.

[18] 何关培. BIM 总论［M］. 北京：中国建筑工业出版社，2011.

[19] 上海市政工程设计研究总院（集团）有限公司. 市政隧道管廊工程 BIM 技术［M］. 北京：中国建筑工业出版社，2018.

[20] 张建忠，蒋凤昌，李永奎，等. BIM 在医院建筑全生命周期中的应用［M］. 上海：同济大学出版社，2017.

[21] 白庶，谢新甜，苏畅，等. 我国开展全过程工程咨询服务的 SWOT 分析［J］. 建筑经济，2018，39（10）：31-33.

[22] 项兵，王廷芳. 全过程工程咨询服务企业组织架构及部门设置建议［J］. 中国工程咨询，2019（3）：70-75.

[23] 王巧雯，张加万，牛志斌. 基于建筑信息模型的建筑多专业协同设计流程分析［J］. 同济大学学报（自然科学版），2018，46（8）：1155-1160.

[24] 刘安宁. 战略人力资源管理对工程咨询企业绩效的影响［J］. 中国工程咨询，2011（6）：65-67.

[25] 吴付标，舍尔哈泽. BIM 项目经理：工程界的热门新职业—对话 Bentley 高级技术总监麦克·舍尔哈泽［J］. 中国勘察设计，2016（6）：64-67.